做个内外兼修的
睿智女人

张熙妍◎著

中华工商联合出版社

图书在版编目(CIP)数据

做个内外兼修的睿智女人 / 张熙妍著. --北京：中华工商联合出版社，2017.8
ISBN 978-7-5158-2092-7

Ⅰ. ①做… Ⅱ. ①张… Ⅲ. ①女性-修养-通俗读物
Ⅳ. ①B825.5-49

中国版本图书馆 CIP 数据核字(2017)第 217876 号

做个内外兼修的睿智女人

作　　者：张熙妍
责任编辑：吕　莺　张淑娟
装帧设计：芒　果
责任审读：李　征
责任印制：迈致红
出版发行：中华工商联合出版社有限责任公司
印　　刷：北京高岭印刷有限公司
版　　次：2018 年 1 月第 1 版
印　　次：2018 年 1 月第 1 次印刷
开　　本：640mm×960 mm　1/16
字　　数：240 千字
印　　张：14
书　　号：ISBN 978-7-5158-2092-7
定　　价：38.00 元

服务热线：010-58301130
销售热线：010-58302813
地址邮编：北京市西城区西环广场 A 座
19-20 层，100044
http://www.chgslcbs.cn
E-mail:cicap1202@sina.com(营销中心)
E-mail:gslzbs@sina.com(总编室)

前言

PREFACE

一

智慧，是一个女人散发出来的流光溢彩的魅力。

在生活中，我们常发现有些女性眉目出众，但她们一入了人群，却极不显眼。究其原因，就是她们缺少了一种气质，缺少了那种让人过目不忘的气质。这种气质需要岁月的浸染，需要学问的充实，需要智慧的支撑，并且绝非一夕之功。

一个女人可以不漂亮，但不能没有智慧。智慧是人的一种潜在的品质，会在不知不觉中吸引人的目光。

外表的美总是最初的、静态的、肤浅的，也总是短暂的，似天空中的流星，转瞬即逝，没有生命力。时间可以带走女人的红颜，却带不走女人经过岁月的积淀焕发出来的真正的美丽。这份真正的美丽就是女人经过岁月的洗礼而成就的智慧，它就像秋天里弥漫的果香一样，由内而外地散发出来。

二

智慧是一种极高的追求和境界，它赋予女人一种神韵、一种魅力、一种气质、一种品位。有智慧的女人衣着时尚、妆容精致、神采飞扬、风姿绰约；有智慧的女人平和内敛、从容娴雅、不矫揉造作、不喜欢张扬；有智慧的女人，在选择时遵从自我意愿，其气质品位往往自然而然地流露出来。

有智慧的女人静若幽兰、芬芳四溢；有智慧的女人如潺潺溪水，会让周围的人被浸润。智慧是一种人生体验到极致的感悟，是人生感悟到极致的平静，是一种更为简单纯净的心态。

有智慧的女人是令人尊敬的、让人愉悦的。有智慧的女人说话有分寸，不尖酸刻薄；有智慧的女人端庄大方，不故作姿态，不举止轻浮，有爱心，善于表达情感，乐于赞美他人。

三

要想做一个有智慧的女人，就必须注意自己的日常行为，同时，也要不断地扩大阅读范围，提高自己的知识素养。

心灵是智慧之根，要用知识去浇灌。胸中贮书万卷，不必人前卖弄，要让知识真正成为心灵的一部分，只有这样，人才能“运筹帷幄之中，决胜千里之外”，指挥若定。

人生不如意事十之八九，面对挫折、苦难，是否能保持一份豁达的情怀，是否能保持一种积极向上的人生态度，这需要博大的胸襟、非凡的气度，也需要智慧。在逆境中磨炼出坚强的意志，不必计较一时的成败得失，“风物长宜放眼量”，去追寻长久的精神底蕴。忍受孤独，在彷徨失意中用智慧去充实自己的心灵，就是最大的收获，如蚌之含沙，在痛苦中孕育璀璨的明珠。

本书教你学做一个内外兼修的睿智女人，让你不因岁月流逝而渐失光泽，反而越发耀眼迷人，散发出无穷的魅力！

目 录

CONTENTS

我们即使生就了藤的姿态，也要学着站成一棵树，因为没有谁可以让我们永远依赖。不要把希望和未来寄托在任何一个人身上，要学会自立自强，学会自给自足，有足够强大的力量，这样才能让我们的未来拥有无限的荣光！

不要总把眼睛放在别人的身上，不要总去美慕别人的幸福。如果你看不到自己手里的东西，不懂得珍惜现在所拥有的，你就永远都感受不到幸福。要相信：你自己的幸福是独一无二的。

亦舒说：“何必向不值得的人证明什么，活得更好乃是为你自己。”当我们的心中充满爱和真诚时，我们会感受到生活真正的美好。

当生活的琐碎袭来时，人如果能做到不受外界干扰，保持一颗宁静的心，就能留住快乐，找到自己心灵休憩的空间。一个善于保持宁静的女人，能在人世间品味到平淡的美丽。

智慧是美丽不可或缺的养分。一个女人拥有智慧，她才是真的美丽。

第一章

即使生就藤的姿态，也要学着站成一棵树

我们即使生就了藤的姿态，也要学着站成一棵树，因为没有谁可以让我们永远依赖。不要把希望和未来寄托在任何一个人身上，要学会自立自强，学会自给自足，有足够强大的力量，这样才能让我们的未来拥有无限的荣光！

没人会为你的娇弱“买单”

小时候，我们习惯将希望寄托于父母，因为那时候我们弱小无助，没有可以快速奔跑的双脚，也没有可以飞翔的翅膀。长大后，我们已完全具备独立生活、追求幸福的能力，可有些人却还是习惯性地将希望与未来寄托在别人身上，希望通过某种“关系”找到一份很好的工作；希望嫁个有钱人，改变目前的生活状况；希望领导发现自己的潜能，从而得到提拔……

然而，现实情况往往是：好工作从来都竞争激烈，即便为你争取过来，但你的能力无法胜任，你仍然会丢掉这份工作。你希望通过嫁给一个有钱人改善自己的生活，这无可厚非，但有钱人凭什么会选择你？是因为你的相貌还是才华？你期望领导发现你的潜能，但如若你不去表现不去争取，没有做到可以令领导另眼相待的傲人业绩，你的期望也只能落空了……

有这么一则有趣的故事：

有人在屋檐下避雨，这时正巧观音菩萨撑伞走过，这人忙上前求助：“观音菩萨，您普度众生，求求您度我一下好吗？”

观音菩萨说：“我在雨里，你在屋檐下，而檐下无雨，你不需要我度。”

这人一听，立刻跳出檐下，站在雨中说道：“现在我也在雨中了，您可以度我了吧？”

观音菩萨说：“你现在是在雨中，我也在雨中，我不被淋，因为有伞，你被雨淋，因为无伞。所以不是我度自己，而是伞度我。你要想求度，不必找我，请自找伞去！”说完便走了。

不久之后，这人遇到了难事，去寺庙里求观音菩萨。他走进庙里，才发现观音菩萨的像前也有一个人在拜，那个人长得和观音菩萨一模一样。他好奇地问：“你是观音菩萨吗？”

那人答道：“我正是观音菩萨。”

这人又问：“那你为何还拜自己？”

那人笑答：“我也遇到了难事，但我知道，求人不如求己。”

人生一世，草木一秋，在这转瞬即逝的宝贵生命里，千万不要将希望与未来寄托于任何人，而要学会自立自助。当你把希望寄托在别人身上时，你往往会感到无助。只有把希望寄托在自己身上，你才不会心乱如麻。

阿布幼年丧父，母亲下岗。她从小就热爱绘画，可遗憾的是，在很多年的时间里，她连买画布和颜料的钱都没有，因为她不仅要挣钱养活自己，还要照顾失业的母亲。

即使状况如此糟糕，阿布也没有放弃。那些年里，阿布一直用想象力作画，她把看到的一切当作画布，她用内心的想象，在画布上描绘出她能想象得到的各种各样的景象。

有时候阿布会想，某一天，一个人会跟她说：“我来资助你上美院吧！”“我来为你提供一个免费的画室吧！”“我来供给你的生活，你安心绘画吧！”当然，这只是阿布偶尔闪过的奢想，她清楚，未来以及希望，一切都要靠她自己，就像居里夫人说的那样：“路要靠自己去走，才能越走越宽！”

为了挣钱，阿布曾经同时打好几份工，每天只能休息六七个小时，可即便这样，她依然没有放弃绘画的梦想。但凡有点儿时间，阿布便一个人静静地坐在画架前，一笔一画地认真描摹，这份梦想给了她无限的力量。

后来，阿布有了一小笔积蓄，为了能挤出更多的时间画画，她盘下一间小饭馆，自己做起了老板娘。她每天凌晨三四点就起床，准备好一天的食材，这样白天除了饭点，其他时间她都相对轻松一些。她将画架支在了饭馆一角，常常是客人在一边吃饭，她也坐在了画架前开始绘画了。

阿布无论走到哪里，都带着她的画架。那时候，阿布的画艺不精，但她刻苦勤奋的精神感动了不少人，有人提出要帮助她，甚至为她做了翔实的发展规划，但阿布婉言谢绝了。阿布说，其实她那时候是有些心动的，但是想想，自己的梦想终归要靠自己去实现，怎好依托他人呢？

就这样，40年过去，一个爱好画画的孩子长大了，终于长成了她所渴望成为的画家。

面对这40年来走过的路，阿布很淡然地说："其实我真的没想到会走到今天，我只是一直没有放弃，一直告诉自己不要把希望寄托在别人身上，因为人唯一可以永久依赖的人，只有自己。任何时候，都要自立自强，实力才是最终战胜一切的法宝。"

希望和未来都是你的，与别人没有关系，你没有劳烦别人的权利，别人也没有成全你的义务，一切都要靠你自己，因为你才是自己所有希望以及未来人生的主人。如果你都不肯帮助自己、成全自己，别人为什么要来成全你呢？况且，匆匆一生，你就甘愿让别人来主宰或决定你的人生及未来吗？

请记住，没有人会无条件为你的娇弱"买单"。

可以期待婚姻，但不要依赖婚姻

婚姻就是婚姻，你可以对婚姻心存期待，但不要依赖婚姻。

现实生活中，有很多女人把毕生愿望都寄托在婚姻上，似乎只有这样才有安全感，也才能过得更好一些。其实，这都是内心不够强大的表现。

女人固然都想嫁得好，但前提必须是自己先要强大起来。内心强大的女人，从来都是先充实自己，她们知道，靠“乞求”得来的婚姻不会幸福，靠自己努力换来的幸福才会长久。

聪明的女子会选择与自己价值观相似的男人为伴侣，因为只有在彼此价值观相似的情况下，双方才可能长期进行密切的交往和深层的沟通，共同向着相同的目标前进，相互配合，使双方产生越来越多的安全感和满足感。共同的目标感、思维习惯和相似的作为，都是感情和谐度提升的“加速器”。

一位妻子曾经写下这样的“忏悔书”：

多少年前，我以为，作为他的女人，为他的家人，为他在乎的人，做出无数无怨无悔的奉献，我会因此而得到应有的幸福，然而，我错了。

为了他，我改变了自己的习惯，因为我不想让他不习惯；为了他，我经常做他喜欢吃的饭菜，因为我想让他舒心地过日子；为了他，我承担了大部分的家务，因为我想让他轻松地工作；为了他，我尽力做好自己的工作，因为我不想让他为我操心。然而，我错了。

因为，我所付出的，他已经当成了习惯，认为一切都是应该；因为，我所付出的，他已经成了自然，感觉什么都无所谓；因为，我所付出的，他已经视而不见，从不把此当作对他的爱怜；因为，我所付出的，他已经不再留恋，甚至有些厌烦；因为，我的付出，并非是他所需要的，所以他离我更远了。

相信许多女人都犯过这样的错误，认为爱一个男人就要为他付出一切，不管他是否真的需要，哪怕为了付出而失去自己，唯一想得到的就是他能快乐，能让他成为自己终身的伴侣和依靠。但是这种只管付出而不惜失去自我的爱，真正能得到自己想要的结果吗？事实最能给出这个问题正确的答案。

爱情蕴含着许多内容，其中有尊重，有欣赏，还有美感。当女人为了爱而完全失去自我后，她的爱也“变质”了，一份不包含自我的“狭爱”不是对对方最深沉的爱，也不是最纯粹的爱。

杨澜说过这样一段话：“我认为婚姻最坚韧的纽带不是孩子，不是金钱，而是精神上的共同成长。爱情有时候也是一种义气，不光是说这个人得了重病，或者他破产了你仍然跟他在一起。还有另一种是，当他精神上很困惑、很痛苦，甚至在你身上发脾气的时候，你依然知道他是爱你的。我经历过很多困惑，但我丈夫吴征就属于特别讲义气的那种，不管你怎么样，我就要跟你一块儿走。这种力量是强大的。当你走过那段时，回过头你会特别感谢那个人。”

我们为了爱而有所舍弃、有所牺牲是应当的，但不能牺牲自我的一切去“取悦”爱。为了爱而有所付出、有所投入也是理所当然的，但不能以失去自我为条件。没有了自我的爱，就像断了线的风筝，剩下的一段线即使握在自己手里也没有任何意义，因为另一端已经相去甚远了。

一个睿智的女人的爱，付出的仅是丈夫需要的东西，而且自己有完全的独立性，她懂得爱的真谛不是不顾一切地去爱人，然后希望从对方那里得到相应的回报，而是在适当的时候给予对方最适合的关爱。

女人可以期待婚姻，但千万不要依赖婚姻。

未来掌握在自己手中

女人的一生就像一朵花开放的过程，从破土而出，到生出幼芽；从含苞待放，到花开灿烂；从花叶繁茂，到枯萎凋零。生命的过程正是如此，这说起来漫长，却又短暂。我们如何在这有限的“花期”内把握那些幸福的瞬间、认清幸福的方向呢？其实，我们只要把握眼前，活在当下，不做剥夺自己幸福的那个人就可以了。幸福的感觉会一直存在于我们的心中，成为我们记忆的一部分，成为我们生命的一部分。

现实生活中，有些女人不明白这一点，她们生活得极尽奢华，但当有一天富贵不再，她们便了无生机，垂头丧气；她们极得男友宠爱，但当有一天爱情远去，她们便失去了自我，哭天怨地，甚至愤世嫉俗。她们不知道，原来幸福是掌握在自己手中的，不是别人能够影响的，人只要不纠结于过去，放眼未来，幸福就会不期而至。

意大利著名影星索菲娅·罗兰在半个世纪里出演了70多部影片，她用自己动人的风采、卓越的演技给人们留下了深刻的印象。她的美不是静止的，不是平面的，而是以一种最浓烈的方式留给了电影。在1961年，她获得了奥斯卡最佳女演员奖。很多导演都由衷地说，与索菲娅·罗兰的美丽相比，奥斯卡简直不值一提。

然而，索菲娅·罗兰的从影之路并不是一帆风顺的。

16岁时，索菲娅·罗兰一个人来到罗马，但是，她的长相阻碍了她成为一名演员。刚到罗马时，她听到的是自己个子太高、臀部太宽、鼻子太长、嘴巴太大等非议，人们把她说得似乎没有一点做演员的资格。

不过很幸运的是，一位制片商看中了索菲娅·罗兰。看中了她并不代表她的事业一帆风顺，索菲娅·罗兰去试了许多次镜，但摄影师都抱怨无法把她拍得更美艳动人。制片商听到了摄影师的抱怨，于是找到索菲娅·罗兰并对她说："索菲娅，如果你真想干这一行，我建议你把你的鼻子和臀部'动一动'，做一次整容手术，那样就会更好些。"

对于没有主见的人来说，这是一次千载难逢的机会，自己一定会按照制片商的说法去做。但是索菲娅·罗兰是个有主见、不愿意随波逐流的人，她断然拒绝了制片商的要求。在她的心里，始终坚持着这样一个原则：我就是我自己，只有做好了自己，我才能向他人学习。

索菲娅·罗兰决心靠自己内在的气质和精湛的演技来征服观众，于是她找到制片商，并理直气壮地说："对不起，我不能这样做，我就是我自己，只有做好了自己，我才能向别人学习，这是我的原则。虽然我的鼻子太长，但它是我脸庞的中心，它赋予了我脸庞独特的个性，我很喜欢它。至于别人怎么说，我无法改变，因为嘴是长在他们脸上的。我只要坚持我的原则就够了。”

虽然很多议论对索菲娅·罗兰很不利，但她没有因为别人的议论而停下自己奋斗的脚步，反而越挫越勇。从17岁正式进入电影界，她一生拍了70多部影片。索菲娅·罗兰的演技达到了炉火纯青的程度，她得到了观众的认可。索菲娅·罗兰在事业上也不断取得成功。

索菲娅·罗兰刚出道时遭到的那些诸如鼻子长、嘴巴大、臀部宽等议论都不见了，她得到了更多的好评，以前的缺点甚至成为当时评选美女的标准。20世纪末，索菲娅·罗兰已经60多岁了，但是她仍然被评为“最美丽的女性”之一。

当后来有人问起索菲娅·罗兰的成功时，她是这样回答的：“我谁也不模仿。我不去奴隶似的跟着时尚走。我只要做我自己。当你把自己独特的一面展示给别人的时候，魅力也就随之而来了。”

德国诗人歌德说：“谁若游戏人生，他就一事无成；谁不能主宰自己，他永远是一个奴隶。”不要等别人去安排你的人生，你终究是属于你自己的，没有人可以真正对你的人生负全责，哪怕你最爱的人和最爱你的人也不能。

所以，你如果想过好自己的人生，就要学会主宰自己的命运，即使你失败了，那也是属于你自己的人生，当你生命将尽时你才不会后悔。

乔治·萧伯纳有这样一段名言："征服世界的将是这样一些人——开始的时候，他们试图找到梦想中的乐园，最终，当他们无法找到时，就亲自创造了它。"生命的精彩在于创造，你的未来掌握在自己手中。

不要为他人而活，包括你爱的人

聪明的女人懂得生命是自己的，要为自己而活，以自己的本色活着就是对生命的最大尊重。请坚持这一点，不要去为任何人而活，包括你爱的人。

生活中，很多女人对爱情都没有"免疫力"。当爱情降临的时候，她们会把自己的全部身心都交给那个自己以为可以托付一生幸福的男人。然而，聪明的女人，在恋爱时不会让自己的智商降低，而是会保持自己的独立，让对方更珍惜自己。

小薇是个骄傲的女孩，她天生丽质，从小在家人和朋友的宠爱中长大。聪慧、美丽的小薇从不缺乏异性的追求，但她从未把他们放在眼里，直到她的新任上司鹏飞的出现。第一次见到鹏飞，小薇就知道，他是她心中理想的男友。

这个不过32岁的男人，面部轮廓坚毅，眼神沉静，笑容淡定，儒雅的背后有一种霸气，把他衬托得愈发英挺，站在他的身边，会完全地被他身上所散发出的浓浓的男性气息和成功人士的自信所吸引。台上，鹏飞在给员工们演讲，铿锵有力。台下，小薇望着鹏飞，舍不得把眼睛移开一点点。所幸的是，鹏飞同样喜欢上了小薇，两人在一起了。

小薇和鹏飞在一起是快乐的，可是，她的改变也是从和鹏飞在一起的那一刻开始的。鹏飞喜欢女孩有长长的直发，小薇就不再剪头发。大街小巷的女人们如今都烫起了大大小小的卷发，小薇却依然留着长直发，虽然她也想尝试一下，但想想鹏飞，就忍下了。鹏飞喜欢淑女扮相的女孩，小薇的衣橱里就变成了各类洋装的展会。鹏飞不喜欢女孩子在外面吃大排档，走过街边看着那些诱人的羊肉串、臭豆腐、酸辣粉……小薇只有羡慕的份儿。

就这样，小薇在毫无知觉的情况下，似乎变成了另外一个人，变成了鹏飞理想中女朋友的样子，而不是小薇本人。

有一天清晨，小薇收拾妥当，临出门前在镜中照了照，那一刻，她突然觉得镜中的那个女孩很陌生。虽然美丽依旧，却仿佛华美的外衣下包裹着一个别样的灵魂，小薇突然感觉很空虚，一股莫名的伤感迅猛地向她袭来。

“我还是我自己吗？从前的那个我到哪儿去了？”小薇在心里不停地问自己。

爱上一个人没有错，愿意为他付出一些也没有错，爱本来就是要有所付出，可是，这世上任何事都是有底线的，爱情也不例外。无论何时，爱情中的主人公都是两个独立的个体，即使在情深意浓时也不应该迷失了自我。

苒苒的家境不是很好，兄妹又多，她大学毕业后回到家乡当了一名教师，后来因受人排挤离开了校园。不久后，苒苒嫁给了一个大她三岁的男人。男人在外面做生意，一年也回不了几次家。后来，她有了一个女儿，她在那个重男轻女的家庭里彻底失去了地位，婆婆对她的态度变得越来越恶劣。她的丈夫回家的次数更少了，后来更是要和她离婚。

离婚后，苒苒自己带着孩子过得很艰难。别人都劝她："再嫁个人吧，一个女人带个孩子不容易。"可是她不同意，她怕第二任丈夫对孩子不好。她凭着师范大学毕业的资格，在家办了个幼教班，收了几个学生，以维持生活。30岁的女人，看起来异常苍老，她常说："我这一辈子什么都没有，就指望我闺女了，要是没有她，我早就活不下去了。"

不得不说苒苒是个实实在在的好女人，但她以前为了丈夫，现在为了孩子，给自己留下的生活空间越来越小，以至于最后连自我都失去了，更没有了幸福可言。当然，不是说奉献精神不好，而是说女人在关爱孩子和丈夫的时候也不要遗忘了自己。

人要懂得如何生活，懂得为自己而活。为自己而活，为自己认真过好每一天，为自己全力以赴地去做好每一件事。没有什么比这来得更实在、更重要了。

每个人都是独立的，聪明的女人懂得为自己而活，自尊自强自爱，这样的女人能赢得男人深厚的爱，也会最终拥有幸福的人生。

欣赏自己，包容自己的不完美

人生确实有许多不完美之处，每个人都会有这样或那样的缺憾。其实，没有缺憾，人是无法去衡量完美的。仔细想想，缺憾不也是一种美吗？

一位心理学家做了这样一个实验，他在一张白纸上点了一个黑点，然后问他的几个学生看到了什么。学生们异口同声地回答，看到了黑点。心理学家以此得到了这样的结论：“人们通常只会注意到自己或他人的瑕疵，而忽略其本身所具有的更多的优点。”是啊，为什么他们没有注意到黑点以外更大面积的白纸呢？

苏小小从小就很漂亮，一直学习舞蹈，多才多艺。长大后她成了一个职业舞蹈演员，从事着自己热爱的工作。

然而不幸降临了，在一次彩排的过程中，舞台中央的吊灯突然掉了下来，正砸中苏小小。虽然没有生命危险，但是她双腿粉碎性骨折，再也不能进行高强度的训练了，这意味着苏小小即将与她心爱的舞台永远地告别。

尽管苏小小不愿意接受这个事实，但也无力回天，她只能离开心爱的舞台，与舞蹈彻底说再见了。

在刚开始的半年里，苏小小沮丧极了。对于她来说，舞蹈是她生命最重要的一部分。她从小就热爱跳舞，总是被人夸奖，每次得奖都会引来同学和亲友羡慕的眼光。现在突然不能跳舞了，就等于失去了引以为傲的资本，她认为自己从一只美丽的白天鹅一下子变成了丑小鸭，再也没有人喜欢自己了。因此，她不愿意见人，每次遇见熟人都觉得对方在议论自己，语带嘲讽。

苏小小的一个好友经常鼓励她、安慰她，然而苏小小沉浸在自己的悲伤中无法自拔，她总是对好友说："你别管我了，反正现在已经这样了，就让我慢慢混日子吧。"

终于有一次，好友看着颓废的苏小小，再也忍不住了，生气地对她说："不就是不能跳舞了吗，不就是没有了工作了吗，难道就变得一无所有了？相比之下，你比很多人幸福多了。想想桑兰，她不是一样经历了意外，可是她依然微笑着坚强地继续生活。而你呢，你在干什么？再说，你身边还有那么多关心你的人，你总觉得别人在同情你或者在嘲笑你，可是你对自己的态度又如何？你自己都不肯接纳自己，还妄想着谁能接纳你呢？"

苏小小豁然开朗："是啊，我只不过是不能跳舞了，并不代表我自己一无是处了。"好友走后，她站在镜子前，静静地凝视着自己，并对自己说："小小，这就是现在的你，再也无法站在舞台上，可是你总要想办法让心灵站着跳舞！"

从那以后，苏小小恢复了对生活的热情，不再消沉，不再自卑。她用多年的积蓄开了一家舞蹈培训中心。通过努力，舞蹈培训中心得到了很多人的认可，她的学生也在各类舞蹈大赛中屡屡获奖。苏小小除了收获事业的成功，还收获了属于自己的爱情。

在举行婚礼的前一晚，苏小小和好友聊天。好友既为她祝福又不无感慨地说："如果没有那次意外，恐怕你已经成为一名优秀的舞蹈家了，你的生活也完全不一样了。"

然而，苏小小却说："也许现在的我在别人眼里看来有些可惜，但当我肯接纳自己现在的状态时，却发现自己别有一番美丽。让每一个心怀舞蹈梦想的学生圆他们心中最美的梦，让他们拥有一个最美、最炫的舞台，这是我心中最大的幸福。如果不是那次意外，我还不知道自己有做老师的天赋。因为我的乐观、开朗，我甚至比以前有了更多的朋友……这一切多么美好，谁还能说我不幸呢？谁又会因此不接纳我呢？”

对完美的渴求使许多人做事小心谨慎，生怕出错，因此，或多或少会形成保守、胆小等性格特征。在现实生活中不难发现，有的人长得一表人才、举止得体、说话有分寸，但你和他在一起就是觉得没意思，连聊天都没兴致。这样的人往往是从小接受了不“出格”的规范训练，身上所有不整齐的“枝杈”都给修剪掉了，随即也失去了个性独具的风采和神韵，变得枯燥，没有生机，没有活力。客观地说，人性格上的确存在着“缺陷美”，即在实际生活中，那些性格有“缺陷”、不十全十美的人，反而更具有内在魅力，也更具有吸引力。

凯丝·黛莉一直想当一名歌手，可是她天生长着一张阔嘴和一副龅牙。第一次公开演唱的时候，为了显示自己的魅力，她一直想办法用上唇遮住牙齿，以掩饰其突出的门牙。其样子可想而知，她看起来十分可笑，所以注定要失败。

但有一个人听了她的演唱之后，觉得她唱歌颇有天赋，随后找到她，说：“我看了你的表演，知道你想掩饰什么，你不喜欢自己的龅牙！”凯丝·黛莉听了觉得很尴尬。那人继续说道：“这有什么呢？龅牙并不是罪过，为什么要掩饰它呢？张开你的嘴巴，只要你自己不引以为耻，观众就会喜欢你的。何况，你的牙齿说不定会给你带来好运呢!”

凯丝·黛莉若有所思，之后，她接受了这个人的建议，不再去想自己的龅牙。从那时起，她关心的只是听众。她张大嘴巴，尽情地演唱，最终成为一名顶尖的歌星。

学会欣赏自己、包容自己，就是要学会欣赏自己的独一无二。假如一个人不懂得欣赏自己、包容自己，总是以怀疑的、否定的态度看待自己，就有可能限制甚至扼杀自己的创造力。事实上，在我们的身边，因为自卑自怜、自暴自弃等各种心理原因而造成的悲剧有不少，不但给家人造成痛苦，而且给社会造成损失，应引以为戒。

欣赏自己并不是傲视一切的孤芳自赏，也不是唯我独尊的狂妄不羁。它不需要大动干戈的气势，也不需要改头换面，它是一种醒悟，一种面对困难时的自信，一种推动自己向挫折挑战的动力。

学会欣赏自己，就是在无人为你鼓掌的时候，给自己一个鼓励；在无人为你拭泪的时候，给自己一些安慰；在你自惭形秽的时候，给自己一片空间、一份自信。抚去昨日的伤痛和泪水，抖落今日的疲惫与无奈，去迎接明天崭新的朝阳……人只有学会自我欣赏、自我包容，学会在无人喝彩时照样前行，才能肯定自己、相信自己，体会到属于自己的那份幸福。

学会欣赏自己，你会发现生活是如此美好；学会欣赏自己，你会感受到命运的公正无私；学会欣赏自己，你会体会到前进中的幸福快乐；学会欣赏自己，你会把握好自己的人生；学会欣赏自己，你定会抵达成功的彼岸。

让内心强大，大不了从头再来

有些人总是在斤斤计较自己的平凡，总是在想方设法证明自己的失败，每一天都在为自己的想法找“证据”，结果你越来越觉得自己平凡、渺小，越来越消极、郁闷、沮丧……

有一个值得思考的问题是：为什么你明明知道这样做会使人生更灰暗、负面情绪更多，却仍执迷不悟？很重要的一个原因是：没有足够的自信，内心不够强大。

雅倩性格内向，做什么事情都缺乏自信。她一直觉得自己很丑，也不愿意在穿衣打扮上下功夫，也拒绝了很多聚会。

不久前，公司要召开一个系统会议，雅倩被老总指定在会上发言，但穿什么衣服参加会议，让她很为难。在朋友的帮助下，她最后选定了一套很流行的套装。当雅倩穿着漂亮的衣服微笑着在台上发言时，会议室里的人顿时眼前一亮，虽然雅倩经常在办公室出没，可是这么有气质的时候还是很少见的。

“哇，真的很有气质，平时怎么没有看出来呢？”“老总选定的人就是没有错啊。”此起彼伏的赞美让雅倩的信心大增，她的发言也讲得深入浅出，得到了老总和各部门领导的好评。

这次会议之后，雅倩开始重新打量自己，她发现自己并不丑，增加了很多自信。

我们都是芸芸众生中的一员，都是平凡的人，但也都有比别人优秀的地方，所以千万不要自贬身价，要相信自己总有比别人出色的地方，一旦有了合适的时机，就会展现出来。

新东方的创始人俞敏洪说过："即使自己没有很高的学历，也不是名牌大学毕业，甚至在学校考试时得过倒数第一，也永远不要轻看自己。"

内心强大的女人会肯定自己，也会在心里告诉自己："没有什么大不了的，就算最后错了，那我也要用事实来见证我的错误。我做不好的，别人未必做得好，我只要尽全力，就没有什么遗憾。"

千万不要在做的事情还没有结论时，或者还没有开始做一件事情时，就直接对自己说"不"。这样会让别人看不到你的自信，也看不到你的能力。如果对这件事情感兴趣，或者是有一点点心动时，不妨给自己一个机会，努力去证明，你会发现原来自己也很优秀。请记住，永远不要看轻自己，做个自信而优秀的女人。

当然，生活中，人不可避免地会遭遇失意、挫折。这时候，重树自信心就显得尤其重要。下面这些方法和技巧对你重塑自信会有所帮助。

（1）早上出门前照一遍镜子，整理自己的仪表，注重自己的仪表整洁、得体。

（2）要想着自己的长处，忽略自己的缺陷，不要总把自己的缺陷放在心上。

（3）很多你认为是窘态的状况，可能别人并没有注意到，因此自己也无须太过在意。

（4）不要总是批评别人，总是指责别人是缺乏自信的表现。

（5）学会适时沉默，不急于表现自己。当别人在讲话的时候，不要急着用机智幽默的插话来赢得别人的好感。学会当个合格的听众。

(6) “知之为知之，不知为不知。”不懂装懂不但不能保全形象，还会让人觉得你不够诚实可靠。

(7) 别人取得了成就，要给以赞赏。

(8) 为自己找一个能够在任何情况下陪伴自己的朋友，这样，无论遭遇怎样的失意，你都不会感到孤独。

(9) 尽量不要让自己处于不利的地位。不要让别人的同情打击到自己的自信心。

留一杯下午茶的独处时间

生活中，很多女性把时间给了孩子，给了老公，给了工作，给了家务，而真正留给自己的时间却很少。现实中的喧嚣和浮躁，让她们原本那颗充满活力的心灵变得麻木，等到老去的那一天，蓦然回首，留下的也只是匆忙的脚步。所以，聪明的女性会给自己留一点儿享受独处的时间，哪怕是很短的一杯下午茶的时间。

一个女人即使经济上很独立，但是如果不懂得享受时间，那么生活也会呆板而无趣。女人有自己的事业固然是好事，但也要挤出点儿时间来体验生活，感受生活中的乐趣。

萧然是个都市里很标准的“白领”，工作时间是早九晚五，回到家中还要照顾丈夫和孩子。虽然下班很早，但是真正可以静下心来做自己的事情的时候却很少。常常是督促着孩子写完作业以后，就已经很晚了，而为了第二天的工作不得不立刻上床休息。萧然常常抱怨："我连一点儿自己的时间都没有。"时间久了，萧然认为生活的本来面目就是忙碌而烦琐的。有时候，她也会后悔自己那么早结婚生子，婚前没有多点儿时间留给自己享受生活。她依然忙忙碌碌地过日子，当初那个美丽而自信的女人已经不见了。

女人在生活中付出得往往很多，一个女人不仅只有事业，还要顾及自己的家庭。这样属于女人自己的时间就很少了，所以很多已婚的女人都这样劝未婚的女人："趁着没有结婚就多玩几年吧，想去什么地方就抓紧去，别等婚后老公、孩子、工作一大堆事，哪儿也去不了。"实际上，不是事情多得抽不出时间，而是不懂得享受生活，不懂得享受独处的时间。

周国平说过："独处是一种能力。"的确，享受独处的时间是一种享受幸福的能力，一种提升自己气质的能力。面对烦琐的生活"偷得浮生半日闲"，在独处的时间里彻底放松自己，人便能远离生活中的是非。简简单单的一杯下午茶，可以宁静，也可以致远。放下心里的包袱，卸下伪装，在自己的一个人的时间里懂得享受自我，这样的女人无疑是美丽的。

徐云是个有气质的女人，她身上那种浑然天成的气质，无论走到哪里都会让她成为人群中的焦点。

生活中的徐云，不是每时每刻都在拼命地工作，也不是每天都围着老公孩子转。她懂得享受自己一个人的时间，早上每天坚持晨跑，午后也总会给自己留出一杯下午茶的时间来。她说：“生活中，事情是做不完的，而我们的生命是有限的，所以，我利用一切闲暇时间来享受生活，来放松自己的心情。”

现实生活中，独处也是一种对生活的享受。独处不是离群索居，也不是在寂寞的时候用来打发时间，更不是逃避现实的烦恼，而是在纷繁复杂的生活中，放下心来感受生活，通过感受生活来调整自己的内心，收获一份好心情。

第二章

不要只盯着别人的幸福，你的幸福独一无二

不要总把眼睛放在别人的身上，不要总去羡慕别人的幸福。如果你看不到自己手里的东西，不懂得珍惜现在所拥有的，你就永远都感受不到幸福。要相信：你自己的幸福是独一无二的。

学会对自己说“没关系”

一句简单的“没关系”，在很多情况下，体现的是一种包容的美德与礼让的气度。我们在日常生活中，习惯于对别人说“没关系”，习惯于忍让他人的过失与失礼，习惯于将包容与礼让尽可能地给予他人。但是，我们也要学会多对自己说一句“没关系”，因为这一句简单的“没关系”还包含了另外一层极为重要的含义：包容自己的失败与错误，在人生的失意中，多给自己一份鼓励，多给自己一个机会，去赢得最后的成功。

著名节目主持人杨澜在刚加入节目组的时候，曾经因来自各方面的评论苦恼不已。

节目播出后，杨澜收到了大量的观众来信。在此之前，杨澜虽然没听过什么夸张的赞美，但也没有受过直截了当的批评。几封表扬信不会使她沾沾自喜，但是对于那些评头论足的批评信，她有点接受不了，经常因为一封批评信而沮丧一整天。

在那些信件中，有人说她笑得不够，有人说她笑得太多，有人要求她多一点幽默，也有人要求她别忘了东方女性的含蓄端庄……那时候的杨澜，很希望自己能满足每一个人的要求，她甚至开始怀疑自己是否有做一名优秀主持人的潜能。

正当杨澜陷入烦恼的漩涡中时，一位前辈问她：“你有没有勇气做你自己？”

杨澜说：“有时有，有时还缺点儿勇气。观众的批评我总不能置若罔闻吧?”

那位前辈说:“你首先应该放弃想讨好所有人的想法。先做你自己，然后再考虑那些批评到底有没有价值。有些人眼中的你的缺点，恰恰就是你的特点。观众看过的从一个模子里铸出来的人太多了，你别迫不及待地去加入那个行列。”

这番话使得杨澜产生了极大的感触。

“您有什么样的缺点是希望自己快点儿改正的?”后来，当有人这样问杨澜的时候，她回答说:“我觉得其实每个人都有优缺点，不要追求完美，我觉得有点儿缺点挺好。要想把缺点全部克服了，我觉得，第一，不可能，第二，没必要。我觉得一个人就像硬币的正反两面，有正面一定也有反面，如果反面改了，正面也不能称其为正面了，我不太想改正自己，我觉得这样挺好，有点缺点，可能有的时候容易情绪化，或者有的时候对团队要求太高了，或者自己有时候想偷点儿懒，我觉得都挺正常，我不想改变。”

在人生的道路上，永远不会一帆风顺，困境、挫折，甚至失败是我们想要避免却时常发生的。有时候，很多人将别人的否定归纳为自己的失败，将自己的失败归纳为自己的错误，因此不肯“放过”自己，陷入深度的自责和抱怨中。事实上，这是一种自我折磨与自我放弃的表现，是一种没有勇气面对错误、承认错误、改进错误的表现。一个人如果以这样的方式应对失败，是不可能走出困境、取得真正的成功的。

对自己说“没关系”，是一种积极的生活态度，更是一种成大事者的必备风范。在人生中，真正的赢家，不仅要具有包容别人、“海纳百川”的精神，更要有善待自己、“一笑而过”的心态。在错误与失败面前，要学会笑着对自己说一声："没关系，我可以从头再来。"在别人的否定与嘲笑面前，要学会笑着对自己说一声："没关系，我可以继续努力，做得更好。"在挫折中跌倒之后，要学会笑着对自己说一声："没关系，我可以爬起来继续前进。"

一只小蚂蚁看到屋顶上有一块蛋糕渣，便想享用这块美味。于是，它开始努力地向屋顶爬去，但是因为墙壁太光滑，它一次又一次地跌落下来，一直没能爬到屋顶上去。这时，一只蜈蚣正好经过这里，就劝阻小蚂蚁说："小蚂蚁，你是不可能爬到屋顶上去的，你不要白费力气了，快回家去吧。"小蚂蚁听后回答说："没事的，我一定会想办法爬上去的。"蜈蚣离开后，小蚂蚁咬咬嘴唇对自己说："没关系，这面墙我爬不上去，我可以选择另外一条路上去。"于是小蚂蚁爬上了一棵大树，从伸到房檐的树枝爬到了屋顶上。

这只小蚂蚁经过努力，终于吃到了这块美味的蛋糕渣。

生活中，我们会遭遇挫折，有时甚至会遭遇不可避免的失败。如果我们能像这只小蚂蚁一样，在失败面前对自己说："没关系，希望还在。"那么我们一定可以寻找到一条通向成功的路。

学会对自己说"没关系"，就要抛开他人的眼光与评论，即便遭受他人的否定与嘲讽，也要坚持自我，相信自我，坚持自己的信念，不断地完善自我。

学会对自己说"没关系"，就要学会善待自己，在生活的困苦、艰辛中多给自己一点鼓励，多给自己一点安慰，多给自己一些爱。

有一句话说得好："再苦再累，也不要忘记爱自己。"人生也许会抛给我们无数艰辛与坎坷，如果我们自己还要"为难"自己，那么，我们要如何去创造快乐的人生呢？

当命运在人生际遇中给予你失败、挫折、否定时，你一定要记住对自己说一句"没关系"，给自己赢得成功的信心和动力！

在挫折中忍受失意，并逆势而上

在人生旅途中，总会遇到某些不得已的情况，也会感受到随之而来的重压。于是，有的人开始怀疑最初的梦想，甚至迷失了方向。应该说，不确定性正是人生的底色，正是有了失去的缺憾、未曾拥有的不完美，以及对未来的迷茫，才构成了鲜活的人生。

能够在挫折中忍受失意并逆势而上的人，往往会对过去妥善处置，以积极的心态面对明天，也往往会有更加灿烂的未来。

奥普拉·温弗瑞是《时代》杂志评选出的"20世纪最具影响力的百位名人"之一，她拥有全美脱口秀节目的最高收视率，她的粉丝遍布全世界。美国《名利场》杂志这样评价她："可以说在大众文化中，奥普拉的影响力，可能除了教皇以外，比任何大学教授、政治家或者宗教领袖都大。"如今，奥普拉的名字已经成为黑人女性力量的象征；她坐拥10亿美元的资产，2005年度总收入达2.25亿美元，她成为第一个登上福布斯富豪榜的黑人女性；在她的读书节目里出现过的图书，总会一跃成为图书排行榜上的畅销书……

但是，人们很难想到，这位如今登上成功巅峰的女人，在过去的人生中，经历了比一般人更多的苦难。奥普拉来自美国南方的贫困地区，她是黑人、非婚生子女，因为动荡的家庭环境，她曾经进过少管所，遭遇到过亲人的性侵犯（导致她14岁生下孩子，但孩子不久之后就夭折了）。奥普拉的早年经历里充斥着抽烟、吸毒、酗酒，还有不堪回首的家庭创伤，很难相信，拥有这样命运的女人怎么会走出泥潭、走向成功。但是奥普拉做到了，从出身寒微的私生女到身价亿万的富豪，从被凌辱的“问题少女”到闻名世界的“金牌主持”，她的故事是典型的美国式传奇，也是女人战胜磨难、赢得成功的典型例子。

这世间所发生的一切都会成为过去，幸运或是不幸，无一避免。所以，无论我们遇到什么事，碰到什么样的人，经历了一段怎样的人生，我们都应该平静待之，要明白，好的坏的，都是暂时的。我们只有坚强乐观地面对，拥有一颗强大的心脏，我们才会生存，才会快乐。

年轻的辛巴本来是个快乐的富二代，他从父辈那里继承了富足的家业，生活无忧无虑。但在一次意外中，由于雷电引发的那场大火毁了他的全部，爸爸留给他的那座庄园也瞬间化为灰烬。辛巴欲哭无泪，呆呆地看着一片废墟，内心痛苦万分，陷入了绝望。

不知道如何是好的辛巴，第一个想法就是找银行贷款修复这座庄园，然而，银行根本不可能放贷给这个一无所有的年轻人。此时的辛巴已是穷途末路，他去求身边的亲戚朋友，结果身边的人都不相信他可以东山再起，拒绝了他的恳求。辛巴觉得自己被上天抛弃了，绝望之下，他天天酗酒，每天醉醺醺地入睡，满脸胡子拉碴，像个流浪汉一样得过且过。

辛巴的祖母是一个已经年过花甲的老太太，一生慈祥，不求名利。看到辛巴这样子，她着实很急，于是拄着拐杖找到了辛巴，语重心长地告诉他："亲爱的辛巴，就算在物质上你已经一无所有，你也不可以放弃你眼中的希望！孩子，让你的眼睛重新明亮起来吧，希望就在前方照耀！"看到本该安享晚年的祖母因为自己而伤心、难过，辛巴的心一酸，他知道自己应该振作起来，他想："再试一次！"

机遇总是偏爱乐观向上的人，辛巴之后每一天都非常积极地工作，并不断地寻找机会。一天，他在街上看到街角的一家商店聚集了许多人，原来是大家都在排队购买木炭。辛巴顿时灵机一动，眼前一亮，他找到了新的商机——"废物利用"！于是，在接下来的日子里，辛巴辞掉了工作，用仅有的一点儿积蓄雇了几名烧炭工，把庄园里所有烧焦的树木都加工成了优质木炭，然后送到集市上去卖，木炭瞬间被抢购一空，由此辛巴赚到了他破产后的"第一桶金"。随后他用这些钱购买了大量树苗和肥料，把自己的庄园又重新种上了树，过了几年，这个原本被大火烧毁了的庄园又重新郁郁葱葱了。

有人说："磨难是我们生活的一部分，我们的天赋沉睡在一次次的磨难中，当我们发现它、接受它之后，我们的生命就会苏醒，我们就会从磨难走向光明。"的确，生命对于我们来说，是一段旅程。绝大多数的人在一生中要经历重重的磨难，好比蝴蝶破茧而出，只有经历了破茧的痛苦，才能健康勇敢地面对真实世界的挫折和逆境。

所以，处在人生十字路口时的我们，不要不自信，也不必为未知的“饥寒交迫”过于担心。与其在犹豫中被负面情绪笼罩，倒不如轻装上阵，清醒地明白自己所处的位置，认真地规划自己的未来，脚踏实地走好当下的每一步。

从容应对人生际遇的转换

人生中总有得意与失意，就像晴天与阴天，不过是一种自然常态。但一个人的处世态度、生存智慧如何，往往能从其面对不同际遇的态度中一窥究竟。面对过去的不幸，没有失意；面对未来的不确定，也无忧虑，这份从容弥足珍贵。

过去或未来，都离现实的生活相去甚远，不如把握好当下，减少不必要的忧虑，多一分轻松自在。须知“过去”已经成为历史，人如果不能放眼当下，就无法过好现在的生活。而未来的事情尚未发生，又何必向他人倾诉自己的不安呢？内心从容的人，永远没有苦痛。

伊丽莎白是丹麦哥本哈根大学的一名学生，有一年暑假，她去华盛顿观光。伊丽莎白到达华盛顿后，在一家旅馆住下了。可是，当她准备睡下时，发现钱包不见了。钱包里有护照和现款。她跑到楼下的旅馆柜台，向经理说明了情况。“我们会尽一切努力帮助你。”经理说。

第二天早晨，钱包仍然下落不明。伊丽莎白的衣袋里只有不到两美元的零钱。现在，她孑然一身，漂泊异邦，怎么办呢？打电报给芝加哥的朋友，告诉她们所发生的事吗？到警察局坐等消息吗？“不！我不愿做任何无意义的事情！我要参观华盛顿。我可能再不会到这儿来了。我在这个伟大国家的首都只能待上宝贵的一天。毕竟，我还有去芝加哥的机票，还有许多时间解决现款和护照问题。如果我现在不去参观华盛顿，我就不会再有这样的机会了。”伊丽莎白对自己说，“现在应当是很愉快的时候。现在的我和昨天失去钱包之前的我应是同一个人，而那时我很愉快。我应该愉快地过好今天。”

于是，伊丽莎白步行出发了。她看到了白宫和国会大厦，参观了博物馆，爬上了华盛顿纪念碑的顶端。虽然不能到华盛顿郊区以及她计划中的其他地方去，但凡是她到过的地方，她都看得很仔细，心里很兴奋。

回到丹麦后，伊丽莎白回忆起这段美国之旅，总是很开心。因为她觉得，她没有因为钱包被偷而沮丧，还度过了美好的一天。就在她回国五天后，华盛顿警察局帮她找回了钱包，物归原主。

生活中有许多快乐，也有不少烦恼。与其沮丧地面对不圆满的人生，不如从容应对。想到过去的不幸时，面对未来的担忧时，不妨保持一份淡然的心态，努力向生活微笑。从容是一种姿态，懂得从容的人会少一点儿顾虑，多一点儿希望，少一句牢骚，多一点儿勇气；少一点儿憎恶，多一分热爱。

人生是一个大舞台，没有人永远在台上，也没有人永远在台下，任何人都有上场的机会，也有退场的时刻。因此，按照时序把握好生命中的每一刻，是最明智的选择。当你成为众人羡慕的对象，享受名利的时候，需要扮演好自己的角色，尽自己的责任。而当人生不如意的时候，就要过好平凡人的生活，不必为失去而感叹，从容应对人生际遇的转换。

一位老太太在乘船通过英吉利海峡时，遭遇了暴风雨的袭击。当时，船上的所有旅客都惊慌失措，对即将可能发生的不测恐惧至极。这位老太太却镇静自若地坐在座位上祷告，她的面容十分安详，没有半点儿惊恐之色。在风浪归于平静、船只平安脱险之后，身边的人非常奇怪地问老太太："刚才的情况那么危急，您为什么好像一点儿都不害怕呢？"这时，老太太看看海面，笑着说："我有两个女儿，大女儿戴安娜已经离开了人世，先我一步去了天堂；二女儿玛利亚就居住在英国。刚刚狂风暴雨，危险万分，我就在祷告，我对上帝说：'上帝呀，如果今天你要接我去天堂，明天我就可以去看我的大女儿戴安娜；如果今天你将我留在了船上，那么明天我就可以去看我的二女儿玛利亚。'无论我今天遭遇了什么，明天的太阳依然会照常升起，只是我将要以不同的方式与不同的人一起生活而已。既然如此，我为什么要害怕呢？"

"无论怎样，明天的太阳依然会照常升起。"在灾难面前的这份从容自若，令人佩服，更令人感叹。我们无法左右生命中降临的一切，但生活依旧，日子照常在继续，人生照常在继续。此刻，所有哀怨、悲愤、恐慌、不甘等情绪发泄都无济于事，我们唯一能做的，就是从容接受“变数”，而后在“变数”中努力寻求新的突破，开拓新的人生。

在“变数”面前，要面对明天、继续生活，这需要我们拥有一颗淡定从容的心，以平和的心态接受“变数”；需要我们拥有一颗坚毅勇敢的心，以信心与坚强挑战“变数”。要知道，在人生的旅途中，“变数”与意外随时都会发生，而这些看似可怕的突变其实并不可怕，它们并不能将生活的美好全部抹杀。真正可怕的，是我们失去了生活的信心与前进的力量，再也不能去挖掘并开发生活中依然存在的美好未来。

失业了，前途依然在，你还可以继续新的拼搏；失恋了，青春依然在，你还可以开始新的感情；失去了亲人，回忆依然在，你可以将对逝者的爱加倍地给予生者；失去了功名利禄，生活依然在，你可以以“留得青山在，不怕没柴烧”的精神继续开拓人生；失去了健康、青春，生命依然在，你可以去继续开拓并珍藏已收获的美好；即便生命也被定义了期限，你也还有剩余的时间去完成你未完成的心愿，而不是在等待中徒留遗憾。

所以，人生中无论发生了什么，都要学会不慌不忙，从容应对。

爱上自己的不完美

你有没有过这样的感受？清晨，你站在镜子前面，仔细端详着自己的脸庞，一会儿觉得自己的眼睛小了一点儿，一会儿觉得鼻子不够挺拔，一会儿又发现自己的脸庞不够小巧，嘴唇不够性感，身材不够迷人……

相信不少人有过这样的想法，总认为自己处处不如人，于是自惭形秽、悲观失望，乃至自卑自怜、自暴自弃，不能够从容地与人交往，更不能出色地发挥自己的才华，展露自己的个性。

实际上，每个人都有自己的优势，同样也不可避免地有自己的不足，但是这并不足以成为我们失意的借口。正如美国总统罗斯福的夫人艾莉诺·罗斯福所说："没有你的同意，谁都无法使你自卑。"如果你想掌握人生的主动权，那么当你对自己有不满、失意和自卑时，请静下心来认真地检视自己，找到自己的价值所在，学会对自己说："我已经够好了！"

安娜曾是一所名牌大学计算机专业的学生，毕业后在一家私营的小公司做了一名文件管理员，拿着微薄的薪资。她并不甘心一直如此，只是迫于生活的压力，才让自己暂时降低了标准。一年之后，她有了一定的物质保障，也有了些许的工作经验，便离开那家公司，开始寻觅自己中意的工作。

可安娜心里并不太自信，每次与人谈到自己的工作经历时，她的眼神就变得飘忽不定，与人说话声音十分微弱，也总是担心别人嘲笑自己矮小的个子、微胖的身材，怕给人留下很差的第一印象。这样纵然她有一身的才华和能力，却没能得到展示的机会。自卑深深扎根在她心里，她知道这样不好，却没有勇气去克服。看着周围的朋友都有所长进，安娜心里既羡慕又烦恼，暗自伤神。

在一次面试的实操环节，考官安排应聘者做同一项资料的整理工作。安娜在接过考官递来的资料时，并未敢与对方四目相对。考核的结果是，她的工作能力得到了考官的认可。当时，考官语重心长地对安娜说了这样一番话："从面试之初，我就留意到你是个有心的女孩。这次的实操考核，文件很烦琐，你却归纳得有条有理，且做了详细的分析。对于你的工作能力，我确实很欣赏，如果你能再自信一点儿，那就更好了。希望在以后的工作里，能看到你的蜕变和进步。加油吧！"

向来自卑怯懦的安娜，顿时感觉身体里的血液沸腾起来了。她没想到，自己竟然真的脱颖而出，被自己心仪的公司录用了。其实，自己的工作能力一直都不差，只是因为外貌的原因太过于自卑了。她决定，要换一种方式生活。

此后的安娜，每天早起都会对着镜子露出一抹微笑，对自己说："你不差，你很棒！"在工作中，遇到问题她不再退缩，不再怕被同事嘲笑，大大方方地向人请教，这让她进步飞快。一旦公司有什么大型的活动，她都会主动报名参加，为的是锻炼自己的胆量和勇气。

两年之后，安娜已经脱胎换骨，成了一位干练而优秀的职场人。她不会再在任何人面前羞怯地低着头，也不会再躲避任何人的目光，她是那么坦然，那么自信，让人不禁对她独特的魅力欣赏不已。当有人问及她的"成功"秘诀时，安娜笑笑说："接纳自己，欣赏自己，将所有的自卑抛到九霄云外。爱自己的不完美！这就是我的‘秘密’！”

在现实生活中，对自己要求苛刻、追求完美的人不在少数，由于对自己苛刻，他们很自然地也会对别人要求严格。要知道，世间万物皆有缺憾，万事不可求全，接受自己，不仅要接受自己的优点，也要接受自己的缺点，因为这才是真正的自己。对自己的缺点斤斤计较只会让自己陷入无穷无尽的烦恼之中。

有一个参加歌唱比赛的女孩，在比赛中得到了不错的名次，虽然比赛后的她没有一举成名，但假以时日，成功并不难。但是，她认为自己没能成功的主要问题在于自己的相貌。

其实，她的长相很漂亮，有一种邻家女孩的清丽。但她固执地认为自己的相貌没有特点。

因此，她没有将精力放在提高唱歌的技巧上，而是放在了改变容貌上。为此，她屡次进行整容手术，耗费了大量的时间与金钱。整容手术是有风险的，而且需要极长时间的调养。一次，两次，三次……她总是不满意整容之后的容貌。

最终的结果令人惋惜，她因为整容手术失败而失去了年轻的生命。

当你的目光只关注到如何掩饰自己的瑕疵时，你就会忽略了自己的美丽。生活如果只有掩饰，那你能从中得到什么呢，这样的生活又会有什么色彩可言呢？只有真实的、毫不做作的美丽才能得到认可，才能让人发出由衷的赞扬。

你没有高大的身材，但渊博的学问能让你看起来更高大；你没有美丽的容颜，但动人的声音同样可以让你受到瞩目；你不擅长演讲，但你很善于倾听，这同样是一种让人喜欢的特质……

每个人都在出演自己人生当中的主角，而每个人的一生都是一场独一无二的表演。在这场以人生为背景的戏里，你的角色、戏份没有人能够取代，因为真正的主人公是你自己。

在我们生命中有很多的不完美，但正因为这些不完美才让我们成为我们自己。所以，爱上不完美的自己吧！

得不到的爱情，就洒脱地放手吧

爱情是双人戏，不能一个人演，与其迷恋一个并不爱自己的人，不如放开“执念”，去寻找真正的毕生伴侣。

俗话说：“天涯何处无芳草。”一个人不要在一份不属于自己的爱情上迷失，而应该移开自己的目光，去寻找那个真正属于自己的人。

棠景是个痴情的女孩，上大学的时候，她爱上了同校的江滨。为了赢得江滨的好感，棠景帮江滨洗衣服、买生活用品，江滨每次参加校内的篮球赛，棠景都会去看。虽然江滨告诉棠景自己还不想恋爱，但棠景相信，只要自己真心付出就能等来江滨的爱。

毕业后，江滨在市内一家公司做技术工程师，棠景为了能够和江滨在一起，毅然放弃了父亲在家乡为自己找的工作。她下班后经常去江滨单位附近等他，有时，周末还主动煲汤给江滨送去。可是落花有意流水无情，有一天，江滨告诉棠景，他有女朋友了。这个消息让棠景无法接受，她哭过、闹过，可事实终究无法改变。再后来，江滨与女友结婚了，棠景的希望彻底落空了，她带着满心的痛苦回到了家乡。在没有江滨的城市里，棠景依然无法忘记这个自己深爱着的男人。无论谁给她介绍男友，她都断然拒绝，直到遇见了徐正。

徐正是个画家，棠景是在一家咖啡店里与徐正相识的。他们第一次见面的时候，徐正送了她一幅画，就是棠景在咖啡馆里沉思的一幕。那一刹那，她感觉被关注是如此幸福。经过几个月的相处，棠景发现徐正和自己很投缘，而且和他在一起的日子使自己渐渐忘记了曾经的不快乐。她慢慢地喜欢上了徐正，决定进行一段新的感情。

不论一个男人有多么优秀，多么有才华，多么让你难以割舍，但是如果他不爱你，他的心不在你这里，那么，就算他有一万个优点，“不爱你”也成了他最大、最不能原谅的缺点，失去这样一个男人，就根本没什么值得难过和惋惜的。

渴望真感情是正常的，渴望有人陪伴也是无可厚非的，但爱情不是单相思，你的一厢情愿只能给对方带来负担，两人只能同时痛苦。爱情的专一，是指被接受的爱，而不是不被接受的爱。如果是后者，还是早点儿放弃为好。

杏子与男友交往期间，平淡如水。两年内，两人外出约会的次数更是屈指可数。男友既不浪漫，也很少给杏子打电话，经常借口说忙，半个月不打电话也是常有的事。但是，即使是这样，杏子也仍然全心全意地爱着他。

在漫长的等待中，男友一次又一次地失约，杏子气过，也怨过，但是，男友一旦邀约，她还是会收拾好心情跟他出去。朋友都劝杏子放手，说为一个不懂得珍惜自己的男人如此付出，实在不值。因为朋友们都看得出，男方并不珍惜这段感情，游戏心态明显。但杏子舍不得，她对自己的爱情抱着幻想，以为男友不忙的时候就会在乎自己了，以为他们的爱情会出现转机……

就这样，一拖再拖，又是两年过去了。青春在一次又一次的伤心落泪中慢慢消逝，直到后来男方主动以不愿耽误杏子为由而分手。杏子伤心了一段时间之后，在朋友的劝导下，慢慢地想通了，整个人也变得豁然开朗。心情一好，她的气色也跟着红润许多，她回想起以前的自己，才发现当时真傻，而现在又是何等的轻松快活。

当一个你深爱的男人离开你时，你也许会感觉自己的小世界在瞬间崩塌了，心情跌落到谷底，天空也变得灰暗。这个时候，如果你能尽快调整状态，咬牙挺过最煎熬的那几天，你会惊讶地发现，原来自己的人生依旧精彩，抬头是晴空万里，前方是花红柳绿，之前失去的根本不是整个世界，而不过是一个不爱自己的男人罢了。

是的，有许多人注定是你生命中的“过客”，在擦肩而过的瞬间，他也许会带给你短暂的快乐，但他却不是那个能与你携手共度一生的人。所以，得不到的爱情，那就洒脱地放手吧。

爱情有没有，并不妨碍你幸福

在有些人眼里，爱情是人生中很重要的一件东西，他们可以为了爱情放弃事业、放弃亲情、放弃友情，甚至放弃自己的生命。可见，爱情的力量是很强大的。

然而，英国哲学家培根说过："过度的爱情追求必然会降低人本身的价值。一切真正伟大的人物，没有一个是因为爱情而发狂的人，因为伟大的事业抑制了这种软弱的感情。"在培根看来，对一个人来说，最重要的东西是事业，而不是爱情。爱情的确可以带给我们幸福和快乐的感觉，但是，我们也应该正确地对待爱情，正确地认识它在我们人生中的地位。即便没有爱情，我们也应该让自己过得幸福、快乐！

紫杉是一个美丽、聪明的女孩子，上学期间学习成绩一直都很好，是老师和家长眼中的乖乖女。上大学期间，父母经常告诫她不要谈恋爱，还是学习比较重要。乖巧的紫杉听从了父母的劝告，大学期间一直没有谈过恋爱，把时间和精力都用在了学习上。每次考试紫杉都拿一等奖学金，每年都被评为优秀大学生。没有爱情的大学生活，紫杉过得也很充实、很开心。

大学毕业以后，紫杉进了一家外企工作。从紫杉刚进公司那天起，公司一个叫林的男生就被清纯、美丽的紫杉吸引了，于是，称得上是"情场老手"的林对紫杉展开了追求。紫杉从来没有谈过恋爱，林又很擅长甜言蜜语、温柔体贴的"伎俩"，不久，两个人就开始交往了。可是好景不长，林渐渐厌倦了紫杉，觉得她太不成熟，没交往多久就吵着要去见家长，还总是絮絮叨叨说一些结婚生子之类的话题。林觉得自己还年轻，不能就这样被一个女人“套”住一辈子，于是，和紫杉提出了分手。

听到林这个决定时，紫杉的感觉犹如五雷轰顶。这个打击太大了，她几乎把自己以及自己的未来都寄托在林的身上了，如今他却提出了分手！紫杉一下子病倒了，整整半年的时间，她的意志一直很消沉，她想起那段经历就觉得痛不欲生，工作也早就辞掉了，整天把自己锁在房间里，茶饭不思，亲人朋友怎么劝说她都听不进去。就这样过了七八个月，紫杉终于慢慢醒悟过来，她觉得自己不应该为了一段不美好的感情和一个不负责的人而折磨自己，于是她开始大口地吃饭，开始制作简历，开始到处找工作。

找到工作以后，紫杉把自己的全部精力都投入到了工作中，她的事业很快就有了小小的成就。每天下了班她都要去健身房健身，周末的时候就和同事们去逛街，或者回家陪陪父母，放长假的时候就去旅游，出去走走，看看不一样的风景和人，放松一下自己的心情。后来，紫杉发现，没有爱情的日子也很快乐、幸福，她感觉到了久违的轻松和自在，也渐渐找回了曾经的自信。紫杉很享受自己现在的生活，她不再去刻意追求爱情，她想什么时候“缘分”到了，自己一定会遇到适合的那个人。

没有爱情的生活，同样可以很幸福。没有爱情，那就享受自由的快乐和亲情的温暖。没有爱情的日子，同样可以成为我们独特的值得珍藏的人生经历。

安娜离过婚，现在自己带着一个女儿生活。她回忆自己刚离婚时候的生活时，用“不堪回首”来形容。她说那时候觉得生活简直跌入了深渊，四处都是黑洞洞的，看不到一丝光明和希望。她甚至想过结束自己的生命，但是看到可爱的女儿，她又重新鼓起了生活的勇气。她离开了原来生活的城市。“本来就不是自己的故乡，当初是因为爱上前夫，才留在那个城市的。”安娜说。她带着女儿来到自己一直向往的城市，在一家国际性的连锁公司找到了一份工作。这家公司的顾客主要是女性，她在这里认识了很多和自己有着相似经历的女性，她从她们那里学到了很多东西，最重要的是她懂得了没有爱情的生活也可以很快乐。现在，安娜和女儿过着快乐幸福的生活。对于爱情，安娜说：“还是有很单纯的希望，只是更加成熟理智了。对于一个人来说，爱情很重要，但是懂得爱自己更加重要。该来的终归会来的。”

不是每个人都那么幸运，可以早早地遇到那个和自己两情相悦、能够陪伴自己走过一生的人。没有爱情的日子，我们也可以让自己的生活充满阳光。爱自己，爱亲人，爱朋友，去帮助需要帮助的人，自尊、自爱、自信，这也是一种幸福的人生。

珍惜当下的幸福

人生最珍贵的不是那些得不到的和失去的东西，而是你现在能把握的东西。

不要总把眼睛放在别人的身上，不要总去羡慕别人拥有的东西。如果你看不到自己手里的东西，不懂得珍惜现在拥有的，你就永远都不会感觉到幸福。我们常常看到很多人生活在不太理想的环境里，却依然十分快乐，这正是因为他们看到了自己拥有的东西，他们感谢自己所拥有的，而且倍加珍惜。

要感受到幸福其实很简单，不需要很多金钱，不需要更大的住房，也不需要比现在更好的工作。我们只要改变自己的态度，珍惜现在手中拥有的东西，自然会过上一种幸福快乐的生活。

“球王”马拉多纳有一份成功的事业，也有一个幸福的家庭——两个聪明可爱的女儿和一个美丽体贴的妻子。崇拜他的人太多了，在别人眼里，他就是巨星。但是，由于工作很忙，他基本上没有时间和精力照顾家人。

妻子负责家里的一切事务，丝毫没有怨言。每天，妻子都高高兴兴地安排着一切，全身心地布置着他们温馨的家。可以说，妻子是这个世界上最熟悉马拉多纳的人了——妻子知道他喜欢躺在床上看电视，就把电视搬到床的旁边；妻子知道他喜欢穿运动服，于是他的衣服是清一色的运动衣；妻子知道他喜欢吃什么，也都提前准备好了。

身旁温柔的妻子和可爱的孩子，给了马拉多纳最大的快乐和幸福。每次回到家，他把一天的劳累都放下来，徜徉在天伦之乐里，驱散了所有的烦恼和不快。但是，这种幸福没有维持很久。

渐渐地，幸福在马拉多纳眼里只是生命的一部分，甚至是不那么重要的一部分了。随着时间的推移，家的幸福和温暖开始变得平淡无奇。没过多久，他有了情人。终于有一天，他向妻子提出了离婚，两人14年的婚姻最终破裂。

马拉多纳在和妻子离婚后，始终没有选择再婚，而是和两个女儿生活在一起，住的还是以前的房子。为什么不再娶一个漂亮的娇妻呢？为什么不住更舒适的大房子呢？所有的一切，都在一次媒体采访中找到了答案。

有一次，时尚周刊《人物》采访了马拉多纳。当时，他说了这样一段话："虽然我和克劳迪亚离婚了，可我依然爱她。现在我家里的陈设还是当初克劳迪亚设计的样子，电视、CD播放机、照片……还有她亲自选购的家具。看到这些，我就会想起她，她对我太了解了，她是我生命里的至爱。我这一生最大的错误是，当初没有珍惜妻子克劳迪亚的爱，现在悔之晚矣。我将终身不娶，因为我已失去了我一生中的最爱。"马拉多纳略带悔恨地结束了那场采访。

马拉多纳之所以弄得最后孤独一人，就是因为他忽略了平淡的幸福，没能好好珍惜已经拥有的。即使追悔不已，可是又有什么用呢？

有一句话说得非常好："昨天是一张作废的支票，明天是一种不能取用的存款，今天才是摆在你面前的现金。"这提醒我们，"今天"是最重要的，最值得珍惜，把握好当下的幸福，人才有快乐可言。

美国有一位老妇人，丈夫在她60岁的时候突然去世了。她还未从丧夫之痛中走出来，接下来连串的打击更是让她崩溃：先是她的几个子女为遗产继承权闹得不可开交，甚至相互之间大打出手；接着是丈夫生前倾尽全力经营的公司破产；为了还债，她不得不卖掉房子以及家中所有值钱的东西。这一系列的不幸，令她无法承受，她不知道今后的路还能否坚持走下去。

她每天郁郁寡欢，不停地在心中叨念：我已经60岁了，我已经60岁了！谁都清楚，她是在为自己的未来担心。

她想重新到外面找一份工作，但是当这个念头冒出来的时候，她自己都震惊了：谁会雇用一个老妇人呢？即使有人愿意，一个60岁的老妇人又能干些什么呢？即便能做些简单的活，但是谁又能相信她，给她提供工作机会呢？

她总是担心别人嫌自己老，担心别人嫌自己动作迟缓，担心自己无法承受别人要求的工作强度……这一系列的担心让她更怀念过去，怀念丈夫在世的岁月。接着，由怀念而生悲痛，贫穷、寂寞、疾病等等全部被她“请”进了门。

她不得不选择住院，医生了解到她的情况后，对她说：“你的病太严重了，需要长期住院治疗，但是你又没钱……我看这样吧，从现在开始，你可以在本院做零工，以赚取你的医疗费用。”

她问道：“我能够做什么呢？”

医生说：“你就每天打扫病人的房间吧！”

于是，她开始手握扫帚，每天不停地忙碌着。慢慢地，她的内心恢复了平静：反正没有比这更好的活法了，而且就目前的情况来说，自己似乎根本别无他择。她不停地忙碌，每踏进一间病房，就目睹一次他人的病痛与灾难，她的心也就豁亮一次，因为她觉得自己是所有病人当中状况最好的。渐渐地，她也不再担心什么了。

疾病和寂寞被驱除，剩下的就是花力气解决贫穷问题了。因此，当医院让她"出院"时，她恳切地说服院方让她留了下来，继续在保洁员的岗位上又待了三年。由于经常接触病人，她对病人的心理了如指掌。三年后，她被院方聘为心理咨询师。疾病、寂寞早已离她而去，贫穷也开始向她挥手告别，她开始了新的人生。

在她72岁那年，她已经拥有了这家医院51%的股份。她的办公室的墙上有这么一句话："昨天的痛，已经承受过了，有必要反复去兑现吗？明天的痛，尚未到来，有必要提前结算吗？只要活好生命中的每一个'今天'，你就能感受到当下拥有的幸福。"

从现在开始，请全身心地投入到当下的生活吧，远离那些不切实际的想法和烦恼，把握眼前的一切，珍惜现在拥有的幸福，远离所谓的失败和痛苦，丢下患得患失的彷徨。这样，即使你一无所有，你也还能毫不犹豫地说："我很幸福，因为我曾经生活过。"

第三章

伤过痛过，依然豁达宽容

亦舒说："何必向不值得的人证明什么，活得更好乃是为你自己。"当我们的心中充满爱和真诚时，我们会感受到生活真正的美好。

学会宽容，人生步步能赢

因为生存的空间不同、成长的环境不同，以及后天各类因素的影响，每个人都有不同程度的弱点与缺失，所以在人际交往中难免产生摩擦、矛盾。此时，我们应该学会忍耐，学会宽容，这是对别人的释怀，也是对自己的善待。

春秋时期，楚国内乱，平息后，楚庄王以美酒佳肴宴请文臣武将，并让后宫妃嫔出来敬酒，为大家助兴，最受宠的许姬也在其中。酒到半酣时，突然刮起大风，吹灭了所有烛火，大厅里一片漆黑。黑暗中，不知是谁仗着酒兴想轻薄许姬，在拉扯的过程中，许姬扯下了那个人官帽上的缨带，并跟楚庄王说："大王，刚才有人趁乱想非礼臣妾，不过我扯下了那个人的帽缨，待重新点亮蜡烛，就能查出此人。"

许姬原以为楚庄王会为自己做主，没想到楚庄王却对众臣说："寡人今日设宴，大家都要开怀畅饮，不醉不归。为了让大家不用顾念君臣之礼，请诸位把帽缨摘掉，尽情畅饮。"待到烛光重新点燃，朝堂上坐着的全是没有帽缨的官员。许姬环视了一下，看不出谁是刚刚调戏自己的那个人，只好作罢。

三年后，晋国侵犯楚国，两国开战，楚庄王亲自率兵与敌人交战。楚庄王发现，在自己的军中有一员猛将，他不仅在战场上奋勇杀敌，还带动了其他将士的作战情绪，使得自己的军队能够一次又一次地获胜。有一次，楚庄王深入险境，险遭杀身之祸，幸亏这位将军拼死护驾，才让自己成功脱离险境。

凯旋的时候，楚庄王想对那位将军进行封赏。他问那位将军想要什么，可那位将军什么都不要，反而立刻跪倒在地说："大王已经赏赐过了，上次在黑暗中，酒后失德调戏许姬的正是末将。大王以宽广的胸怀饶恕了我，不但没有治我的罪，反而想尽办法保我周全，我只有奋勇杀敌才能报答大王。"

将军调戏君王的爱妾无疑是对君王的侮辱，但楚庄王并没有生气，反而对其宽容忍让，结果换来了这位将军的奋勇杀敌、忠心耿耿。设想，如果楚庄王当时将那位将军斩首示众，又怎么会赢得其以死相报呢？也许楚庄王就会死在战场上，更别提打下一番霸业了。

雨果曾说："宽容就像清凉的甘露，浇灌了干枯的心灵；宽容就像暖和的壁炉，温热了冰凉麻痹的心；宽容就像不熄的火炬，点燃了冰山下将要熄灭的火种；宽容就像一只魔笛，把沉睡在黑暗中的人叫醒。"在这个世界上，没有什么能跳出宽容的胸怀，没有什么能抗衡博爱的温暖。

"人之初，性本善。"多些关爱，少些责骂，即使是冰山，也会在温情阳光的照耀下慢慢融化。我们的生活多些欢歌笑语，多些宽容，生活就会多些幸福。

在一个市场里，有一个女人的摊位生意特别好。其他摊位的商贩都对她心生忌妒，于是都把垃圾扫到她的摊位前。这个女人只是憨厚地笑笑，从不计较，反而把垃圾都清扫干净。

连续好多天后，一个商贩忍不住问道："大家都把垃圾扫到你这里来，你为什么不生气？"

这个女人笑着说："在我们那里，过年的时候，人们都会把垃圾往自己家里扫，垃圾越多就意味着赚钱越多。现在他们每天都把钱送到我这里，我怎么舍得拒绝呢？你看我的生意不是越来越好吗？"

从此以后，这个女人的摊位前再也没出现过垃圾。

上例中的女人因为有着与人为善的宽容美德，才为自己创造了一个和谐融洽的人际环境。俗话说：和气生财。她的生意自然越做越好。

难道这不能引起你的深思吗？当你受到了不公平的待遇而怨恨别人的时候，你有没有想过，你在怨恨别人的时候，自己从中得到了什么？你在用别人的错误惩罚别人的同时，其实也是在惩罚你自己，让别人受到伤害的同时，自己不也同样受到了伤害吗？

俗语有云："小人气大，君子量大。"所以"君子"能够"坦荡荡"，而"小人"就只能"长戚戚"了。在生活中，大部分人都想成为"君子"，那为何不学学"君子"的容人之雅量？当你懂得宽恕别人时，也就等于放过了自己。

世界上最宽阔的既不是海洋，也不是天空，而是人的胸怀。人心既能容纳海洋，也能容纳天空，那么为什么容纳不下别人的一个小小的错误呢？

宽容是一种福气，这种福气不是别人给予的，而是一种自我的赐福。一个女人如果能在她的心中装下狂风暴雨，同样，在她的心里也能播下幸福的种子，开出美丽的花朵。

当爱不在了，请给心灵松开恨的束缚

一个女人和河对岸住着的男人相恋了，他们月下明志，互托终身，发誓永不相负。他们如愿以偿地结了婚，过着幸福甜蜜的生活。可是三年以后，他们离婚了，因为他们性格不合，总是吵架。

离婚前，女人哭着说不想离婚，可是男人说："我们吵吵和和，你不觉得累吗？你是个很好的女人，只是我们性格太合不来了，分开对彼此都好。"

离婚后，女人很痛苦，觉得男人负了她，于是心生怨恨。几年以后，男人又找了一个心爱的人，准备结婚。

得知这个消息后，女人更加痛苦，在男人迎娶美娇娘时，女人投河自杀了。

女人死后，灵魂来到上帝面前。

上帝对她说："由于你上辈子做了不少好事，下辈子你还可以投胎做人，这是难得的福气。"

可是女人望了望人间的景象，看到那个男人并没有因为她的死去而悲伤，依然和那个新媳妇卿卿我我。女人心生怨恨，对上帝说："不，我不要投胎做人！"

"那你想做什么呢？"上帝好奇地问。

"我要在那个男人门前的河里做一棵水草。"女人斩钉截铁地说。

上帝若有所思，随后，同意了她的要求，让她转世为一棵水草。

就这样，女人变成了生长在男人门前河里的水草，每天看着他与妻子出双入对，内心非常痛恨。

一天，男人的妻子想吃鱼，男人便下河去为妻子抓鱼。

化身水草的女人终于等来了这一刻，她用长长的身子紧紧地缠住男人，拼命地把他拉向水底。男人奋力挣扎，可是怎么也摆脱不了缠在腿上的水草，一点儿一点儿地沉了下去。

“我恨不得你死！”女人在心底咬牙切齿地说。就在男人濒临死亡的那一刻，女人听到了他心里所想：“我马上就要死了，不能再活着照顾爱妻了。不过我死了以后，说不定可以见到已经死去的前妻，能去陪伴她也是好的……”

化作水草的女人心中一酸，她放开了男人，并把他向水面上托去。男人顷刻间从死亡线上转了一圈。

看着男人与妻子相拥而泣，化作水草的女人突然不再恨他了，她意识到男人并没有对不起她，只是自己被怨恨缠住了。

当女人不再怨恨时，她从来没有想到有一天自己可以如此平静，每天恬静地住在水底，欣赏着岸上的风光，感受到的不再是痛苦，而是怡然自得。

当水草枯萎后，她再一次来到了天堂。

“这次你想投胎到哪里呢？”上帝问女人。

女人想了想说：“让我变成您的使者去人间吧，我希望让所有的人消除怨恨，不再痛苦。”

于是，女人成了一名修女，她周游世界，去开解那些心存怨恨的人。

人一辈子不一定只爱上一个人，对感情的忠贞和专一也不等于盲目坚持或固执己见。当对一个人寄予过高的希望，你的爱就成了一种压力；当对一段感情过于执着，你的内心就会变得偏激甚至癫狂。这时，应放开握紧的手，让那不该属于自己的感情随风而去，这也能还自己一片清新自然的天空。

在一次朋友聚会中，阿娟偶然认识了一个男人。两个人一见钟情，很快便坠入了爱河。三个月后，两个人开始了同居生活。

起初，两个人的感情发展得很顺利，男友对阿娟特别宠爱，两个人经常在一起畅想甜蜜的未来。这是阿娟第一次正式交男朋友，也是有生以来第一次品尝到爱情带来的满足和幸福。她在内心早已笃定，男友就是她今生一定要嫁的人，所以她把自己所有的希望都寄托在这个男人身上。

但随着两个人相处的时间越来越久，彼此的缺点和毛病也都显现出来，由此矛盾和争吵也出现了。随着争执越来越多，男友对阿娟逐渐冷漠。有一天，阿娟回到家时竟然看到男友正在收拾行李准备搬出去住，她赶忙上前阻拦，可最后还是眼睁睁地看着男友甩门而去。出门前，男友告诉她，他们两个人不合适，还是分手吧。

坐在空荡荡的房间里，阿娟的内心感到了从未有过的恐惧和孤独。她想不明白，一直相处得很好的两个人，怎么能随随便便就分了呢？她觉得自己的生活里不能没有男友的陪伴，她也相信男友还是爱她的。于是，执着的阿娟决定到男友上班的地方去找他。

也许是对方故意不见她，阿娟在外面足足等了一天也没有看到男友的身影。就在她精疲力竭的时候，她收到了男友发来的短信："娟，我已经不爱你了，所以我希望你不要再来打扰我的生活。祝你幸福！"

看了短信，阿娟哭着飞奔回家，一头倒在床上，哭了一个晚上。等情绪逐渐冷静下来，她又开始思考起他们的问题。她觉得既然是真爱就不应该随便放弃，即使因为一些矛盾两个人之间暂时出现了隔阂，但只要坚持，也一定能够和好如初。所以她决定再次到男友住的地方去找他。

走在路上，阿娟的脑海中一直计划着让男友回心转意的各种方法。当她走到男友家的楼下时，却被眼前的一幕惊呆了。她看到男友正在和一个女孩甜蜜地抱在一起。阿娟觉得整个人都快爆炸了，她不顾一切地冲了过去，狠狠地扇了那女孩一耳光，并冲那女孩大喊："为什么抢我男朋友？为什么抢我男朋友？"

突如其来的一记耳光，让两个人都惊呆了。待缓过神来，男友愤怒地将阿娟推倒在地上，并恶狠狠地对她说："不是早和你说清楚了吗？你怎么还纠缠不放呢？"倒在地上的阿娟看着他们如胶似漆的样子，再一次疯狂地扑向了他们……

因为推搡和争斗，阿娟走在回家路上时已经是衣冠不整、头发凌乱，脸上和身上也都沾满了尘土。她就像丢了魂一样，觉得心里空空的，完全看不到生活的希望。她想到了自我了断。她坐在河边的长椅上，心中感慨万千。她真的已经很累了，只想就这样跳进水里结束自己的生命，让自己从这痛苦中解脱出来。可她又缺少勇气，所以在河边呆呆地坐了很久。

做清洁的大婶看出了阿娟的情绪有些异常，于是赶紧过来坐在了阿娟的旁边，语重心长地对她说："小姑娘，虽然大婶不知道你遇到了什么事，可人活着不管遇到什么事都得往开想。你看你这么年轻漂亮，你的未来一定会很美好，更何况你还有爸爸妈妈和那些爱着你的人，你可千万不能做傻事啊！"听了大婶的话，阿娟扑进大婶的怀里，号啕大哭起来。

爱情是生命中非常重要的组成部分，可是，不管爱情有多重要，人也不能把它当成生活的全部，更不能因为它而断送了自己未来的幸福，甚至结束自己的生命。有些人注定是我们生命中的“过客”，如果他们选择了离开，那只能说明他们不值得我们去珍惜。重新抖擞精神，继续上路去寻找真正属于自己的幸福，这何尝不是一种对自己负责的表现？不要执着于某个人而不肯放手，最后弄得两败俱伤，甚至把自己逼到了绝境。

人要有放手的胸怀，要有改变现状的勇气，更要有重新寻找真爱的信念。俗话说：人不能在一棵树上吊死。我们的生活本来就是一片充满生机和希望的大森林，何必对那些不值得的人过分执着，而让自己输掉了整片森林呢？

当爱不在了，请给自己的心灵松松绑吧。

换个角度看生活，别总把不顺归咎于他人

有些人总是把生活中的不顺归咎于他人，甚至归咎于虚无缥缈的上天和命运，她们很少反问自己：“我做对了吗？难道这不是我自己的错吗？”

其实，人生中的很多不顺，往往都是自己在给自己出难题；生活中的很多不快，往往都是自己在跟自己“过不去”！

从前，有个妇人，一遇到不顺心的事就发脾气，和邻居、朋友的关系都搞得很僵。她想改掉这个坏毛病，可一时又改不了，所以终日闷闷不乐。

有一天，妇人和一个好友聊天，说出了心中的苦闷。朋友听完后对她说："我听说南山庙里的老和尚是个得道高僧，他也许可以帮你解决这个问题！"

于是，妇人找到那位高僧，对高僧说："大师，我怎么老是生气呢？你能告诉我为什么吗？"

高僧没有直接回答，而是笑着说："施主，请跟我来！"

高僧把妇人带到了一个小柴房的门口，说："施主，请进！"

妇人很奇怪，不明白高僧的意思，硬着头皮走进了柴房。这时，高僧迅速把门关上并上了锁，然后转身走了。

妇人一看，气不打一处来："干吗把我关在里面啊，快放我出去……"

骂了很久，高僧并不理会。妇人又开始哀求，高僧仍置若罔闻。最后妇人总算是沉默了。

高僧来到门外，问妇人："你现在还生气吗？"

妇人回答说："我只是在生我自己的气，我为什么会到这里来受罪。"

"连自己都不能原谅的人，怎么能够原谅别人呢？"高僧拂袖而去。

过了许久，高僧又来问她："还生气吗？"

"现在不生气了。"妇人回答说。

"为什么呢？"

"气也没有办法啊。"

"你的气还没有消失，还压在心里，爆发以后仍会很剧烈。"

高僧说完又离开了。

当高僧再一次来到门前时，妇人立即上前说："我现在不生气了，因为不值得生气。"

"你知道什么叫不值得，看来心中还有衡量，还是有气度的。"高僧笑着说，随后帮她打开了柴房的门。

妇人问高僧："大师，何为气呢？"

高僧把手中的茶水倾洒在了地上。

妇人看了很久后醒悟，叩谢离去。

夕阳如金，皓月如银，人生的幸福、快乐等待着我们去享受，哪里还有时间去生气呢？

很多时候，人们去寻找快乐，结果却惹了一身的"气"。不如别人时，会心生嫉妒，失去从容；发生意外时，会心生慌张，失去镇定。其实，你如果从另外一个角度看事情，就会明白：失去从容，只会令自己更加不如别人；失去镇定，只能使自己感到更加慌张，以致事情变得更加糟糕。事实上，我们生活着，就要享受生活的美好。

有一个人独自去旅行，第一站就是游历名山。当她气喘吁吁地到达山顶的时候，她被眼前美丽的景色吸引了。立于山巅，所有景色收于眼底，奇峰怪石，烟雾缭绕，美得令人心旷神怡。

都说无限风光在险峰，不爬到山顶，怎么能欣赏到如此美丽的景致呢？她唏嘘不已，拿着相机不停地拍，似乎想把这美丽的景致全拍下来，天色向晚犹不自知。

下山后，她才发现，原本热闹的景区已经少有游人了，自己要搭乘的那辆班车也已经错过了。她在山下抱着相机愁眉不展。

从山下到自己临时租住的小旅馆，有五公里的距离，步行回去至少要一个小时，更何况从早晨到现在，自己已经在山上待了整整一天，体力早已耗尽，哪还有力气走回去呢？

她坐在路旁，开始生自己的气，恨不得抽自己一巴掌。

这时，一个卖山珍的老人收好摊子，回头问她："姑娘，天都黑了，怎么还不回去，在等人啊？"

她哭丧着脸说："没车了，怎么走啊？"

老人说："没车了，就走回去，生气有用吗？"

她说："走不动了，我在气自己糊涂。"

老人乐了，"就这事也值得你生气啊？我问你，你上山干什么来了？"

她说："旅游、看风景、愉悦心情啊。"

老人说："这就对了。既然是旅游，坐车和走路有什么不同？既然旅行是为了快乐，为了愉悦心情，你何必和自己过不去呢？"

她恍然大悟，迈开大步，徒步回到了自己租住的小旅馆。尽管山里的夜黑漆漆的，可那是她第一次在山里走夜路，不一样的经历，有了不一样的感觉。

回到旅馆后，她躺在旅馆的小床上，透过窗户，看着窗外的弯月，感到内心从没有过如此的安宁。

每个人在生活中都会遇到一些不如意的事情。有些人可能会因为这些不如意的事情而郁郁寡欢，也有些人会从这些不如意的事情中发现快乐。其实，上天对每个人都是公平的，只是每个人面对烦恼时，考虑问题的角度不同罢了。凡事多往好的方面想一想，心中就会有豁然开朗的感觉，眼前就会出现"柳暗花明又一村"的美丽景象。

不抱怨的人最快乐

荀子有云："自知者不怨人，知命者不怨天，怨人者穷，怨天者无志，失之己，反之人，岂不迂乎哉！"抱怨并不是一种好习惯。你发出的抱怨与牢骚越多，你所"吸引"来的抱怨、牢骚和负能量也会越多。

露易丝是一个面目清秀的女子。一天，她在街上遇到了许久未见的友人贝蒂，她被贝蒂吓了一跳，因为她完全认不出眼前的女子竟是多年前那个娉婷可人的大美女。贝蒂却很平静地对她说："你是不是觉得我变老了好多啊。"露易丝感到很诧异，她觉得贝蒂不只人老了，心也变"老"了。

贝蒂继续说："很不幸，我的婚姻出现了裂痕，最近我总是陷入其中无法自拔。虽然我和他并没有吵架，但是我怎么都感觉他对我越来越冷漠了，我自己也越来越狰狞、刻薄。我想让他时时刻刻在我身边，我不想让他看别的女人一眼，难道是我失去魅力了吗？我讨厌这样的婚姻，这样的婚姻使我面露憔悴，无心于事。我自己都讨厌这样的自己。"

露易丝安慰说："亲爱的，千万别这样想，你应该找回从前那个乐观开朗的自己。不要抱怨他，不要抱怨婚姻。也许他的确有错，但是你的抱怨只会令他想要逃离。你不妨先放下心中的抱怨，换一个角度，站在他的立场上想想，看看是不是自己也犯下了什么令他伤心的错误，好吗？"

贝蒂虽然不愿相信自己也有错，但还是按照露易丝的话尝试了一番。

没过几天，露易丝就接到了贝蒂的电话："亲爱的，谢谢你，我们和好了。原来只是一点儿小误会，但是因为我的抱怨反而让彼此都难以敞开心扉。我现在终于想明白了，女人实在不该抱怨。"

从那以后，贝蒂找回了从前的神采，每一天都容光焕发。

没有人喜欢听别人发牢骚，无论你是对公司不满、对家庭不满、对生活不满还是对某个人不满，你都应装在心里，因为，即便是你说出来，也得不到解决，反而会让他人因此对你产生不好的印象。

聪明的女人应该知道，在和人聊天的时候，如果你一次、两次地抱怨自己的生活、工作、家庭等，或许别人还会对你产生同情。但是时间长了，他们就会想逃离你，因为没有一个人时间多到可以在听你的抱怨声中度过。

你要知道，有些东西是应该和别人分享的，而有些东西，只能自己来消化。当你有了抱怨的情绪，不妨自己调节一下，比如，看看日出，看一本你喜欢却一直没有时间看的书，做一项你喜欢的运动，让你的这些情绪淡化，最后达到平和。

"牢骚太盛防肠断，风物长宜放眼量。"坦然面对现实，不要只知发牢骚，如果在牢骚中错过了人生正点的班车，那你将在抱怨中错过下一次坐正点班车的机会。正如泰戈尔所说："如果错过了太阳时你流了泪，那么你也将错过群星。"

一家书店里有这样一条标语："不抱怨的人一定是最快乐的，没有抱怨的世界一定最令人向往。"爱自己，就要给自己一份快乐。因此，把自己从抱怨中解放出来吧，为自己的人生寻找一个积极的姿态，不抱怨，笑对人生。

善良的女人，美丽会永驻

女人可以不漂亮，但不可以不善良。善良的女人拥有一颗美丽的心灵，她们可爱、热情、善解人意，她们的身上会散发出耀眼的光芒，照亮人世间每一个需要点缀的角落。

在实际生活中，打扮华丽、容貌娇媚的女人比比皆是，但是她们很难让人们清晰地记住，而那些善良女人带给人的“温暖”之举，却会时时萦绕在人们的脑海之中。

小时候的一次车祸，使她失去了一只胳膊。她一生清苦，一直没有结婚，也没有正式工作，靠捡破烂维持生计。有一次，在捡破烂的时候，她捡到一个孩子，有三四个月大，孩子的腿有点残疾，她看着可怜就将其带回了家。那时候她已经40多岁了，由于过度操劳，她看起来显得更苍老。

她给孩子取名乐乐，寓意快快乐乐、生活无忧。但是抚养孩子并不是小事，于是她更加努力了，每天天不亮就起床，喂乐乐吃奶，自己再草草弄点儿吃的。因为孩子还小，放在家里不放心，她就把一个篓子背在身上，把乐乐放在里面，再带上尿布和奶瓶，还有几个装垃圾的袋子，然后出发。

这样的日子维持了很多年：一件衣服穿了好多年舍不得丢，

破了就补补；吃了半辈子的菜叶子，从来没有舍得改善一下生活，就连过年都舍不得吃好的。但是她对乐乐却很慷慨，乐乐小的时候不懂事，总嚷着要吃的，她都会笑着买给乐乐。

就这样，乐乐渐渐长大了，到了该上学的年龄了，她做出了一个很大的决定，那就是送乐乐去上学。知道了她的这个决定后，很多人都劝她说，你自己那么不容易，还送孩子上什么学？把她养大就不错了，再说她的腿还有毛病。可是她笑笑说，孩子要上学才有出息。

乐乐被送进了附近的学校。孩子上学了，花费就是一笔不小的开支，于是她更忙了。除了捡破烂，她晚上还给人做手工活，以维持生计。她的头发白了，眼睛花了，背也驼了。乐乐的学习成绩在班级里一直保持前三名，她很懂事，每天放学都抢着做家务，模样长得也俊俏，就是腿走路不方便。

在乐乐即将小学毕业的时候，她又做出了一个惊天动地的决定，那就是给乐乐治腿。她带乐乐去医院检查过，医生说乐乐的腿如果动手术的话，有希望治好。知道的人都说她太傻了，为了一个捡来的孩子值得吗？

后来乐乐考上了大学，她也变得愈加苍老起来，她睡的时间更少了，她拼命挣钱，她不想乐乐在外面吃不好、穿不好。可是即便她再努力，乐乐读大学的学费还是像一座大山一样沉重地压在她的肩膀上，让她喘不过气来。她感觉自己的力量是那么渺小，她想办法租了个摊位卖菜，每天起早贪黑地操劳着。终于熬到乐乐大学毕业了，她却倒下了。她摸着乐乐上班第一个月挣回来的工资，带着微笑安详地闭上了眼睛，永远地离开了这个世界，身上穿的是一件补丁摞着补丁的衣服。

这个善良的女人，用尽一生的时间、精力和心血去爱一个和自己没有血缘关系的孩子，她是美丽的，也是伟大的。她用残缺的身体为一个孩子撑起了一片蓝天。她的善良，令人感动！

一个女人纵使闭月羞花、沉鱼落雁，如果内心没有一分善良，那就毫无美丽可言，又如何得到别人的尊重和爱戴呢？俗话说：花无百日红。每一个女人都有容颜老去的一天，这是人生自然现象，谁都无法回避。身为女人，你可以没有美丽的容颜，但你不能抛却自己那一颗善良的心。因为一个女人拥有善良的内心，才能让美丽永驻！

迁就别人，不如“取悦”自己

也许，你希望对方可以成为你的知己，所以迁就着他的每种情绪；也许，你希冀他人能赞美自己，所以违心地做着自己不喜欢的事，收敛着自己的真性情……可是，就算你再怎么努力，也不能方方面面都让别人满意。

《被嫌弃的松子的一生》是日本作家山田宗树的一部小说，故事里有这样一个情节：

松子的妹妹常年卧病在床，父亲对她照顾有加，几乎把所有的心思都放在了这个生病的小女孩身上。松子不理解，她也希望能够得到父亲的爱。一次偶然的机会，松子做了一个搞怪又搞笑的鬼脸，逗得父亲笑了。她又试了几次，都很有效。自那以后，她便把做鬼脸当成了自己的招牌动作，遇到可怕或难堪的事情时，就会做这样的动作。

长大以后，松子依然刻意讨好着周围的人，在爱情里更是卑微。就算被男友大骂，每天提心吊胆地过日子，她也不肯离开，仍然奉献着自己的爱。小说中说松子所付出的是“上帝之爱”，她所有的努力讨好，不过是不想一个人生活。可最后呢？最后，没有人同情她、珍惜她，她在孤独与可怜中死去。

希望每个女人都能从松子的人生悲剧里领悟到一些东西。

从小到大，受父母和环境的影响，她一直生活在纠结里。她已经记不清到底从什么时候开始，自己竟然不知何谓快乐，每天只是为了讨好别人活着。只要别人能满意、能开心，她就会倾尽心力去做，哪怕是她讨厌的事。

结婚后，她依然没有改变。为了孩子和丈夫，她不停地忙活，除了顺从就是受气，每天提心吊胆，生怕说错话、做错事，活得小心翼翼。老公若是开心，她就会长舒一口气，老公若是绷着脸，她就不敢大声言语。她像是一个木偶，麻木地活着。丈夫总是疏远她，孩子也不愿意和她多讲话。这样的日子，让她倍感压抑，自己付出了那么多，到底是为了谁？

她感觉生活很绝望，一次，她在网上给一位心理医生留言说，她想了却这一生。

心理医生收到消息后，马上打电话给她，说要跟她见面谈谈。

她没有拒绝，或许，她并不是真的想结束生命，她只是压抑了太久，希望有人理解。

在心理医生的开导下，她说出了自己的成长经历。她的父亲是个保守又严厉的人，不允许她出去玩，也不允许其他伙伴到家里找她，母亲每天小心翼翼地陪伴着，稍不留意就会招来打骂。她已经记不清楚自己挨过多少次打骂，只记得很多次自己都在睡梦中被父亲的打骂声惊醒。父亲的坏脾气，让她慢慢地学会了顺从别人，隐藏自己。

在别人面前，她很少讲话，只是尽力去做事。在学校里，唯有学习能给她一点儿安慰。老师和同学都喜欢她，可很少有人知道，她为了让别人高兴，无数次地委屈了自己，明明做着不喜欢的事，却还要装出开心的样子。

大学毕业后，她依照父母的意思，相亲结婚，之后，过起了平淡的日子。起初，丈夫对她呵护有加，可如今却疏远了她。看到丈夫和孩子与自己不亲近，而别人一家三口却其乐融融，她实在无法面对，活得越来越痛苦。

她不停地说为了讨好别人做出过怎样的努力，为了得到别人认可怎样委屈自己，多么担心别人不喜欢自己，又多么害怕遭到抛弃。

心理医生告诉她，正是这种心情和做法，让她在生活里受尽了折磨。她不懂什么是爱，也不知道怎么去爱，只是在用努力讨好别人，博得别人对自己的好感。做这些事的时候，她已经失去了自己。为了遮掩自己的内心，刻意压制着各种情绪，外在的自己和内在的自己不停地争斗，在自伤的同时也被亲人疏远。

她恍然大悟，留下了悔恨的眼泪。

女人要跳出别人的视线，跳出别人的世界。当别人疏远自己的时候，请认真考虑，究竟是自己的问题，还是别人的问题？

有错的话就不要找借口逃避，没错的话就抬头挺胸做自己。你若只顾得讨好别人，连自己都失去了，你还如何有能力去照顾别人？

做事之前，想想是心甘情愿的，还是被迫勉强的？想想现在做了，日后会不会后悔？如果是真心想去做，那么自然会做得很好，彼此都快乐；如果自己并非出自真心，能够付出的也有限，那就不要强迫自己。

妮可·基德曼的大名几乎无人不知，无人不晓，这个被澳大利亚封为“国宝”的女人，高贵而典雅。在1995年的电影《不惜一切》中，她扮演一个为走红不惜教唆小情人为她杀夫的女主播。她获得了金球奖。但更多人认识她，是因为她是巨星汤姆·克鲁斯的未婚妻。

他们是公认的金童玉女，时时刻刻展现着他们的幸福，可她只是“花瓶”。这样的身份，她也曾无怨地接受，心甘情愿地做汤姆背后的女人。她热爱家庭、以家为重，所以一直把主要精力放在家庭和抚养孩子上面。

有的时候，妮可也会想：“如果我能演一个很棒的角色该有多好呀！”但她必须考虑汤姆·克鲁斯的生活。她和汤姆·克鲁斯之间有个约定，他们俩分开的时间不能超过两星期，所以她错过了很多很棒的角色。她想，和他合作的都是世界顶尖的导演，能看着他表演就已经很幸福了。

然而结婚10年的时候，汤姆爱上了别的女人，昔日的金童玉女分道扬镳。对于一直以爱情、以家庭为重的妮可来说，这绝对是一个重大的打击。当大家议论纷纷，以为将看到一个萎靡不振的离婚女人时，她却擦干眼泪，容光焕发地出现在公众面前。她的绝世才华也是她从汤姆·克鲁斯的背后走出来才得以展现的，而且迎来了属于自己的事业春天。在《小岛惊魂》《红磨坊》《此时此刻》《狗镇》《翻译风波》等一系列影片中，她均有杰出表现，并如愿以偿拿到了奥斯卡小金人。

在接受记者的采访时，妮可这样说："我终于可以随心所欲地穿想要穿的礼服。以前每次参加奥斯卡，我都必须考虑汤姆的身高而不能穿高跟鞋，当然也不能穿他不喜欢的样式的礼服。以前汤姆最讨厌我穿红色的礼服，今年我倒是想穿一套闪亮的红色礼服，让喜欢我的影迷瞧瞧我艳丽的模样。"

如今，妮可·基德曼成为众多男人心中的女神。同时，她也是年轻女孩子学习的榜样。她美丽而优雅，坚强又有头脑。看看妮可这些年来的倩影，能学到的除了穿衣打扮，应该还有她眼神中的独立和勇气。她是一只破茧而出的蝴蝶，经历了完美的重生，飞上了世界的枝头，不留痕迹地活在影像中。

讨好别人，是一件没有意义的事。就算你再怎么努力，也不能让所有人满意。与其如此，不如"取悦"自己。"取悦"自己，并不是让女人自私，而是学会"保护自己"。流言蜚语任它去，在心里设置一道隔音的墙，不让它扰乱自己的心智；烦躁压抑时，给自己找一个发泄的途径，买件礼物，享受美食，均无不可；受挫的时候，允许自己哭，允许自己闹，然后再好好安慰自己。女人唯有爱自己，才能培养出开朗、自信的心境，坦然面对一切，不为外界的纷扰而痛哭流涕，丧失自己。

第四章

态度决定高度，“好命”源自格局

永远不要过早地为自己的人生下结论，不要轻易地放弃自己。即使遭遇再大的逆境，人也能通过自己的努力，走出人生的顺境。

对工作保持长久的热情

拿破仑·希尔曾说："如果要获得成功，那么就需要对一个领域足够了解，热爱并保持热情，如果想要创新，就要站在巨人的肩膀上。"

热情是一种状态，是一个人获得成功的原动力，是一个人成就事业的源泉。无论是做人还是做事，热情都是不可或缺的条件。热情就像发动机一般能使机器运转，能激励人唤醒沉睡的潜能、才干和活力。

因为热情，人们在不断地革新和创造。莎士比亚拿起了笔，在树叶上记下他"燃烧"着的思想；哥伦布克服了艰难险阻，享受到巴哈马群岛清新的晨曦；伽利略举起了望远镜，让整个世界为之震惊。可以说，热情是一笔巨大的财富。

其实，每个人都会拥有热情，不同的是，有的人的热情能够维持30分钟，有的人能够维持30天，有的人却能够让热情维持30年，甚至一生。

不少人在工作了一段时间之后，突然发现自己成了一个"机器人"，每天重复着单调的动作，处理着枯燥的事务，每天想的不是怎样提高工作效率，提升自己的业绩，而是盼望着能早点儿下班，期望着上司不要把困难的工作分配给自己。这样的人，没有人生目标，得过且过，他们不断地抱怨环境、抱怨同事、抱怨工作，在工作中不思进取，最后陷入了职业的困境中。

要想摆脱这种职业困境，唯一的办法就是唤起自己的工作热情。

热情是一种积极向上的精神力量。一个充满工作热情的人，会保持高度的自觉，把全身的每一个细胞都调动起来，驱使自己完成内心渴望达成的目标。

聪明的女人都懂得，长久的工作热情源于人自身的不懈努力。一个人全心全意做好自己的本职工作，工作出色了，有了业绩，自然会产生成就感和优越感，也就有了工作的动力，同时，还会赢得别人的尊重，从而更上一层楼。

1883年8月19日，法国卢瓦尔河畔的索米尔小镇上，香奈儿出生了。香奈儿12岁时，母亲去世了，香奈儿在孤儿院度过了黯淡的少年时光。17岁时，她来到另一个小镇，进入了一家修道院。在当时的法国，女性的地位是低下的，一个女孩要想在社会上生存，是非常艰难的。孤儿院的生活使香奈儿明白，高超的针织手艺对于女性而言非常重要，她可以通过做针线活来养活自己。于是，18岁那年，香奈儿到一家商店做助理缝纫师。

香奈儿的卑微出身和早年生活给她的服装理念打上了深刻的烙印。周围的成年妇女穿的工作服使她相信，妇女需要的不是烦琐的装扮，而是适合她们日益活跃的生活方式的宽松舒适的衣衫。香奈儿认为："女人为造成她们举止不便的服饰所束缚，从而被迫依赖于仆人和男人。"孤儿院穷苦的生活经历也渗入她的设计风格：朴素端庄、简明大方。

香奈儿开始设计黑帽、白色短衫、领口系雅致的黑领结、简单素洁的短上衣。当时，在她工作的小镇有许多驻兵，那些朝气蓬勃的骑兵制服给她留下了深刻的印象，这也成为她此后几十年里著名的镶边服装的灵感来源。20多岁时，香奈儿遇上了富有的骑士卡佩尔，1908年，在卡佩尔的资助下，香奈儿开了第一家帽子店，她的帽子宽大实用，受到了许多妇女的欢迎。

1912年，香奈儿趁热打铁，又在法国上流社会的度假胜地——诺曼底海边小城开了自己的第一家服装店。很快，她极富个性的运动衫、开领衬衫、短裙、男式雨衣受到了时髦女郎的注意。不仅如此，为了扩大宣传，香奈儿还让自己的姐姐穿上自己设计的新式服装，到城里最繁华的地方吸引妇女们的注意，这差不多是最早的一种广告形式了。香奈儿的事业越来越成功。

1918年，香奈儿的亲密爱人卡佩尔因车祸遇难，但香奈儿依然坚强地发展自己的事业。1924年，她推出了著名的黑色小礼服，掀起了世界服饰的革命。她的服装强调的是舒适性、方便性和实用性。在第一次世界大战期间，男性上战场，女性负起持家工作，职业妇女渐渐兴起，因此需要比较实用的服装，香奈儿的服装正好符合这个趋势，她的事业也蓬勃发展。

第一次世界大战后，香奈儿认为手工定做服装不适合大众需要，虽然手头持有约200位女性客户的订单（包括伊丽莎白·泰勒、英格丽·褒曼），但她还是决定投入成衣这个市场，这让香奈儿企业成为数一数二的服饰大企业。

香奈儿并没有满足于自己取得的成绩，自1920年开始，香奈儿开始提倡整体形象。对她来说，一个女人不该只有玫瑰和铃兰的味道，香水会增添女性无穷的魅力。于是，她推出了“香奈儿5号香水”。这是第一支由服装设计大师推出的世纪经典香水。当著名的好莱坞影星玛丽莲·梦露用性感而充满磁性的声音对全世界说“夜里，我只‘穿’香奈儿5号”时，全世界都为之疯狂了。

发现工作的乐趣，是保持工作激情的不二法门。因为，人往往是在爬坡的时候感到干劲十足，充满激情。所以，当工作达到一定阶段的时候，就应该给自己树立新的目标，有了方向，有了动力，你自然就能保持高涨的工作热情。

聪明的女人知道，家庭幸福与否会直接影响工作的好坏，尤其是职业女性，既要照顾家庭，还要拼搏于职场。因此，要正确地处理工作和家庭的关系，别把工作上的不如意带回家，否则会使家人不开心，自己也不开心，产生恶性循环。应自己好好调节一下，尽早恢复过来，保持工作的热情和内心的快乐。

卡耐基认为，工作热情并不是身外之物，也不是看不见摸不着的东西，它是一个人生存和发展的根本，是人自身潜在的财富。具体说来，工作热情是一种洋溢的情绪，是一种积极向上的态度，是对工作的热衷、执着和喜爱。它是一种力量，使人有能力解决最难的问题；它也是一种推动力，推动着人不断前进；它还具有一种带动力，能影响和带动周围更多的人热情地投身于工作之中。

所以，女人一定要清醒地认识到培养较高的工作热情的重要性和必要性，早日摒弃浮躁、不求上进、茫然的缺点，树立积极、正确、乐观的工作心态，争取在事业上有较好较快的发展。

冷静地面对流言蜚语

有人的地方就有是非，尤其是职场，人多嘴杂，容易滋生各种流言蜚语。有的人出于嫉妒，有的人想泄私愤，还有的人想排挤别人……某公司对美国2429名员工进行了一项网上调查，结果显示，60%的人认为职场中的流言蜚语最让人无法容忍。

人虽然没有能力去制止流言蜚语，但可以选择不被流言蜚语影响。

身为公司中层管理者的杜丽莎，前一天下午把手下的一名员工给开除了。这名员工在公司任职一年，没有做出什么成绩，工作态度也不认真，迟到早退是经常的事，上个月因为他的疏忽，使杜丽莎失去了一个大客户。杜丽莎出于无奈，只能选择让这名员工走人。但是杜丽莎没想到的是，第二天，这名被她解雇的员工竟跑到了杜丽莎的上司家中，说自己之所以被解雇，是因为杜丽莎曾经对他有过性暗示，被他拒绝，因此杜丽莎怀恨在心，将他开除了。

杜丽莎听说以后非常气愤，公然在办公室打电话斥责被开除的同事。事后，老总找她谈话的时候，她表现得非常激动。

虽然这只是那名员工为了泄愤撒的谎，但杜丽莎的愤怒让公司原本不知情的人都开始关注这件事情。流言很快传开，有的同事还添油加醋地说，杜丽莎在办公室时的穿着打扮也很性感，不太得体。

虽然老板相信杜丽莎的为人，但公司上下的流言让杜丽莎愤怒不已，为此她一心想揪住散播流言的人。每次在卫生间或茶水间一听到有人议论，她就立刻冲上去跟对方理论，这种吵闹在公司造成了更加负面的影响，也让同事对她的印象大打折扣，就连老总也多次找她谈话，请她注意处理问题的方式。

杜丽莎在愤怒和委屈中只得选择辞职，逃避那些让她情绪崩溃的流言。

如果你已经陷入了流言的是非之中，那就要记住一点，很多人都会根据你的反应来判断流言到底是真是假——假如他们无法找到什么事实根据的话。所以，在面对恶毒的流言攻击的时候，千万不要企图用怒火去抑制流言，因为怒火只会起到火上浇油的作用。

韩真真是一个单纯的女孩。大大的眼睛，白净的小脸蛋上每天都挂着微笑。刚刚大学毕业才22岁的韩真真顺利进入一家商贸公司，成了一名文员。

没有任何工作和社会经验的韩真真，很希望尽快和大家打成一片。其实，公司的业务非常繁忙，大家整天都忙忙碌碌。不过，韩真真很快发现，有些同事们有个坏习惯，就是喜欢在休息的时候聊些飞短流长。

韩真真知道这样做不对，但是也不便当面制止他们。很多时候，同事们在不断地说，她只是安静地坐在一边。前不久，同事们在八卦老总，说他是个“吃软饭”的家伙，一切都是依赖太太娘家的支持。他们在口若悬河时，韩真真心底却厌恶得不行。正在这个时候，老总出现了，一脸怒气地走进了办公室。从此，老总再看到当时在场的几个人，都是一副冷峻的表情。

这无疑让韩真真刚开始的职场之路布满冰霜，她心焦不已。不过，她没有急于向老总解释，而是在闲暇时刻有意和爱说是非的同事保持距离。比如午休时，韩真真一个人百无聊赖，但是纵使趴在办公桌睡觉，也不再当“旁听者”。

渐渐地，老总终于开始信任韩真真，不再对她冷眼相对。而那些同事却因再一次无中生有，超越了老总心理承受的极限，被提前解除了合约。

“清者自清，浊者自浊。”暴跳如雷、大吵大闹或一味为自己辩解，往往只能越描越黑，反倒给人留下一个浮躁的印象。面对流言蜚语时，最重要的是要保持冷静，坚定自己的价值观，将别人的思想、看法和行为与自我价值分开，切不可被流言蜚语所左右。最聪明的做法是，让自己远离“是非”，这样才能让自己走得更远。

面对流言蜚语要冷静，要善于克制自己。听到有关自己的流言蜚语时，一般人都会产生强烈的情绪反应，打破原来的心理平衡，表现为语言过激，行为冲动，所以这时需要采取的是马上“行动”。但正确的做法是等自己的心理风暴过去以后，冷静下来再做下一步的打算。面对流言蜚语的传播，如果一时说不清楚，不妨先回避一下，不予理睬，这样流言蜚语也许很快就会平息。

当你的心中充满阳光，职场就是天堂

不知道从什么时候起，你发现自己出现了“自我分离”的状态。出现在众人面前的时候，你微笑着的表情、穿戴整齐的打扮，以及对待工作的一丝不苟，使大家觉得你是一个快乐且心态平和的人。但只有你自己知道，其实很多时候，你都是不快乐的。你的工作成了“鸡肋”，食之无味！

相当多的职场人士任这种不快乐的心情互相影响，使大家都感到“累”。但其实，职场中人都明白，最主要的“累”不是因为工作紧张与压力，而是“心”苦、“心”累。

如果你仔细想想，如果你将职场当成一个快乐的天堂，你就会发现，职场里也有很多快乐可以分享！

做一名快乐的职场人，你首先需要积极地参与到职场中来。很多时候，胜败与否不重要，积极参与是关键。

身处职场，需要理性面对，情绪化不仅会让你的形象大打折扣，还会让你的职场之路多增坎坷。要学会控制自己的情绪，选择用快乐的心去工作。每个人在每个时期都会碰到压力。压力来临的时候，千万不要退缩、回避，而应认真地接受它，找到改善的方法，把因为情绪所产生的不必要压力统统释放！

用勇气和智慧去正视压力，压力就会变小，事态就会渐渐朝好的方向改变。

黄祯和丈夫一直过着拮据的生活，他们有两个孩子。一天，丈夫突然查出患了癌症，为了支付昂贵的治疗费用，黄祯不仅花光了家里仅有的一点儿存款，而且还借了许多外债，可是最终仍然没能挽回丈夫的生命。

丈夫去世后，家里已经是一贫如洗，黄祯不得不努力赚钱养活自己和两个孩子。她的工作是为一家出版公司推销图书，没有固定薪水，全靠业务提成，收入毫无保障。

黄祯觉得孤独、沮丧，每天都在担心：怕交不起房租，怕客户不理她，怕老总批评她，怕付不起孩子的学费，怕突然生病而无钱看医生……她觉得生活毫无希望，想自杀以寻求解脱，但又怕孩子沦为孤儿。她真不知道如何打发每天了无生趣的日子。

有一天，黄祯在一本书上看到了后来改变她命运的一句话："对一个聪明人来说，主动打开窗让阳光照进来，那么每天都会有一个新的生命。"

黄祯忽然醒悟，这才发现自己一直活在昨天的不幸和明天的恐惧中，反而忽略了今天。

黄祯因为这句话激动了半天，她将其打印出来，在床头贴一份，在车子前面的挡风玻璃上贴一份。每天起床的时候，她就对自己说："今天又是一个新的生命！"每天出去推销的时候，她也会对自己说："今天是多么美好的一天。"然后满怀希望地上路。

渐渐地，黄祯学会了忘记过去，她不再忧心忡忡，只想如何干好眼前的每一件事。她的心情逐渐开朗起来，她的笑容和乐观也感染了她的客户，销售业绩和个人收入成倍增长。她还清了债，经济状况得到了很大的改善。后来，她还遇到了一个好男人，重新披上婚纱，过上了幸福的生活。

工作中的一些不快无法避免，与其每天埋怨生气，不如快快忘掉。心就那么大，少放怨恨，多装快乐，每个人都会过得开心而幸福。

事实上，根本没有什么快乐的工作，只有用快乐的心去面对工作。当你心中充满怨恨，你的工作就是烦人的；当你心中充满阳光，你的工作就是阳光的；当你心中充满幸福，你的工作就是幸福的。

办公室中须注意细节

人无完人，每个人都会有缺点，有些缺点会让女人变得可爱，可有些缺点却会在无形之中毁了你。这绝对不是危言耸听！

在宿舍或者家里，你可以穿着拖鞋、穿着吊带自由活动，但在办公室里却不能这样。和亲朋好友在一起，你可以口无遮拦，但是在上司、同事面前，则一定要注意说话方式。因为别人未必同你一样，有着同样的生活习惯，有着同样的爱好。所以，那些有损形象的陋习一定要主动改正，不要带到办公室里。

以下几项需要注意：

（1）不要破坏安全距离

人们都说“距离产生美。因为彼此之间有了一定的距离，同事之间也就都有了隐私空间和心理上的安全感。如果互相走得太近，超越了人与人之间的安全距离，那么就容易让对方产生不舒适感。

松垭的上司是个热情、开朗的女人，她40出头，做事能力强，为人善良宽容，深受大家爱戴。唯一让松垭不舒服的一点就是，这位女上司在和下属沟通的时候喜欢离得非常近。她一般在说的时候，要么一边伸手摸摸同事的胳膊，要么会凑得很近，仿佛在说一个天大的秘密似的。

有一次，松垭正在处理传过来的文件，忽然女上司的脸出现在距离她30厘米的地方，松垭着实被吓了一跳。只见女上司笑着对松垭说："来，到我办公室里来，我们针对下面的项目谈一谈。"说这番话的时候，松垭清晰地看到上司脸上的斑和皱纹，还闻到了从上司口腔里喷出的韭菜鸡蛋味。后来，松垭委婉地建议上司，有些沟通可以通过QQ和电子信箱进行。

因此，在办公室里要注意安全距离，把握好尺度。

(2) 不要贪小便宜

小吴去深圳出差了，单位里急需一份资料，文件柜的钥匙只有小吴有，情急之下，老总让撬开文件柜。只见里面整整齐齐地放着打印纸、饮料，甚至连周围同事莫名其妙消失的护手霜之类的小东西也出现在文件柜里。大家看着文件柜的东西发了很长时间的呆。后来，老总安排小吴到基层单位做一份很普通的工作。

有些小东西根本不值钱，有时候也丝毫不起眼，多一个少一个都无关大碍。可是如果同事发现你连这些小东西都喜欢贪占的话，难免就会怀疑你这个人的人品了。假如一个人在职场中无法赢得别人的信任，那么他是毫无前途可言的。

(3) 学会承担责任

办公室是工作场合，不同的人、不同的岗位都会有相关的权责。每个人做好自己的本职工作，最大限度地完成上司交给自己的任务就是权责的最好证明。可有一些人却不知道自己上班要做什么，或者无视工作任务的存在，最终给自己造成负面影响，也给公司带来不同程度的损失。

月月毕业不久被分配到一家报社，也许因为年龄小，也许因为被家人宠爱惯了，她的责任意识非常差。要知道，新闻的时效性很强，同行间竞争也很激烈，谁先抢到谁就赢得关注。有一次，领导要一则国外来稿，那篇稿子正好是月月负责，但主任去向她要的时候，她正忙着聊QQ，问到稿子时，她眨着无辜的眼睛天真地说："我不知道呀。"主任非常生气。这样的错误一次两次就足以致命，可月月依然如故，丝毫不当回事。

公司是讲究效率的地方，没有效率就没有利润，没有利润就无法生存。何况，作为一个员工，负责担当是最基本的义务，如果连这点都做不好的话，那还有什么前途可言？

不“八卦”、不揭短、不曝隐私

《菜根谭》中有句话：“不揭他人之短，不探他人之秘，不思他人之旧过，则可以此养德疏害。”

有些人总喜欢把自己的心事或秘密与知心朋友分享，然后要求对方为自己保守秘密。可是有些人却做不到这点，当朋友不在面前的时候，随便就把朋友叮嘱要保密的话公布于众，结果往往造成两人关系破裂。

别人愿意把自己的隐私告诉你，是对你的信任，如果你不小心说漏了嘴，不仅自己落了个不守约定的骂名，甚至还会失去朋友。

在大学的时候，杨琦和魏亦涵是一个寝室的，两人关系特别好，无话不说。后来，杨琦发现魏亦涵从来不会提到自己的家人，于是就随口问了问，魏亦涵眼睛一下子就红了，说出了实话。她的父亲原来是一名军人，后来分配到地方当官，因为贪污，前两年被关进了监狱。

为了安慰魏亦涵，杨琦也说出了自己的一个秘密。杨琦其实是个红绿色盲，小时候接受过治疗，但根本没用，到现在也分不清红色和绿色。杨琦很少和人接近，害怕别人知道后歧视她。两人就这样互相安慰着对方。

一年后，杨琦有了男朋友。一次，她不小心说出了魏亦涵父亲坐牢的事，没想到男朋友竟然告诉了其他人，没过多久这件事就在班上传开了。魏亦涵很生气，于是，把杨琦是色盲的秘密也告诉给了其他人，大家看杨琦的眼神都变了。为此，杨琦的男朋友和她分了手，她和魏亦涵曾经深厚的友谊也随之破裂了。

每个人都有深藏心中的几个小秘密，如果你的朋友愿意把一些秘密和你分享，你们一定是非常好的知心朋友。对于朋友的秘密，即便他没有叮嘱你不要外泄，你自己也应该知道某些事传出去会对他造成影响。所以，对于别人的隐私，请一定要闭口不言，守口如瓶。

有些人除了爱“八卦”外，还爱“揭短”。有时他是故意的，把对方的短处作为用来攻击对方的武器。有时他又是无意的，因为某种原因一不小心就犯了对方的忌讳。但是总体来说，有心也好，无意也罢，在为人处世中，揭人之短往往会伤害对方的自尊，轻则影响双方的感情，重则导致人际关系紧张，危害很大。

张小姐是某公司的办公室文员，她性格内向，不太爱说话。可每当别人就某件事情征求她的意见时，她说出来的话总是很刺耳，而且总是在揭别人的短。

有一次，张小姐部门的同事穿了件新衣服，别人都称赞“漂亮”“合适”之类的话，可当同事问张小姐感觉如何时，她直接回答说：“你身材太胖，不适合。”甚至还加了句：“这颜色真艳，只有街头早起锻炼的老太太才这样穿。”

这话一出口，便使得那位同事很生气，也弄得周围大赞衣服如何如何好的人很尴尬。

虽然有时张小姐会为自己说出的话不招人喜欢而后悔，可很多时候，她照样说特别让人接受不了的话。久而久之，同事们把她排除在了团队之外，很少就某件事去征求她的意见。现在在公司里几乎没有人主动搭理她了。

人们经常说："瘸子面前不说短，胖子面前不提肥，东施面前不言丑。"对让人失意的事，应尽量避而不谈。避讳不仅是处理人际关系的技巧，也是对待他人的一种基本态度。

某公司的一个部门里有两个职员，工作能力难分伯仲，互为竞争对手，于是，谁会先升任科长是部门内十分关心的话题。但这两个人竞争意识过于强烈，凡事都要对着干。快到人事变动时，他们的矛盾已激化到了不可收拾的地步，好几次互相指责、互相揭短，科长及同事们怎么劝也无济于事。结果，两人都没有被提升，科长的职位被部门的另一位同事得到了。因为他们在争执中互相揭短，在众人面前暴露了各自的缺点，让上级认为两人都不够资格获得提升。

俗话说：打人不打脸，骂人不揭短。言论自由的现代社会，人们一样也有忌讳心理，有自己与人交往时所不能提及的"禁区"。因此，在生活和工作中，要注意说话的内容，不"八卦"，不揭他人之短，不曝他人隐私，如此才能获得良好的人际关系，并在生活和工作中如鱼得水、游刃有余。

第五章

你可以语气柔软，但必须态度鲜明

女人说话时的表情、语气、语调都是非常关键的。应端庄中见微笑，严肃中有柔和。你要懂得说“是”，也要学会说“不”。

掌握赞美的艺术

喜欢听好话、喜欢受赞美是人的天性。每个人都会因来自社会或他人的得当赞美，而感到自尊心和荣誉感的满足。而当你听到别人对自己的赞赏并感到愉悦和鼓舞时，不免会对说话者产生亲切感，从而使彼此之间的心理距离缩短。人与人之间的融洽关系往往是从这里开始的。

美国哲学家约翰·杜威说："人类最深刻的冲力是做一位重要人物，因为重要的人物常常能得到别人的赞美。"

林肯深知赞美的重要性，他曾以这样一句话作为一封信的开头："每个人都喜欢赞美的话，你我都不例外……"

法国的拿破仑具有高超的统率和领导艺术。他主张对士兵"不用皮鞭而用荣誉来进行管理"，认为一个在伙伴面前受了体罚的人是不会为你效命疆场的。为激发和培养官兵的荣誉感，拿破仑对每一位立了战功的官兵都加官晋爵、授旗赠章，还在全军进行广泛的通报宣传，通过这些赞扬来激励官兵勇敢地去战斗。

赞美如煲汤，火候是关键。赞美对方恰如其分、恰到好处，会让对方感到很舒服；但赞美得多了，则会过犹不及，使得赞美没有新鲜感，也会让对方"吃不消"。

物以稀为贵，就像一道美味的佳肴，如果你给对方一些让他品尝，他会觉得味道美得难忘。但是，给多了，让他吃撑了，他却只会剩下吃多后导致反胃的回忆。真正的赞美大师，非常懂得在赞美时控制好火候，将强弱分寸都拿捏得很得当，张弛有度，收发自如。

优雅的女人要学会赞美的艺术，这对人际沟通、维系良好的关系会产生重要的作用。要做到这一点，必须掌握下列技巧：

对于初次见面的人，最好不要一味地将对方的人品、性格或是身材苗条等作为赞美的对象。试想，一位原本已经为身材消瘦而苦恼的女性，听到别人夸她苗条、纤细，怎么会感到由衷的高兴呢？比较稳妥的做法是称赞对方过去的成就、行为或所属物等看得见的具体事物。最好是称赞与对方有关的事情，比如，颇有特色的装束和饰品等。过度"戴高帽"是不明智的。

某超市的时装专柜，一段时间内收到许多客人的投诉，指责售货小姐服务态度不佳。专柜经理的解决方式与众不同，而且效果惊人。他没有指责那些售货小姐，反而对其大肆赞扬，他对那些被客人指名的售货小姐说："有客人称赞你服务亲切，希望你今后继续努力。""有客人说你很有礼貌。"这么一来，售货小姐们的待客态度大为改善，笑脸迎客，业务蒸蒸日上。

赞美是一门艺术，恰当的赞美有以下六个原则。

（1）要有根有据，不能言不由衷或言过其实

赞美要有根有据，如果言不由衷或言过其实，对方就会怀疑赞美者的真实目的。

（2）要雪中送炭，不要锦上添花

最有效的赞美不是"锦上添花"，而是"雪中送炭"。最需要赞美的不是那些早已扬名天下的人，而是那些自卑感很强的人，

尤其是那些被压抑、自信心不足或总受批评的人。他们一旦被人真诚地赞美，就有可能重获尊严，自尊心、自信心倍增，精神面貌从此焕然一新。

(3) 内容要具体，不能含糊其辞

赞美的内容要具体，不能含糊其辞。含糊其辞的赞美可能会使被赞美者感到混乱、窘迫，甚至紧张。赞美越具体，说明你对对方越了解，从而拉近双方之间的关系。

(4) 要恰如其分，不能掺一点儿“水分”

赞美要避免空泛、夸大，而应具体、确切。赞美不一定非得是一件大事，即使是别人一个很小的优点或长处，只要能给予恰如其分的赞美，同样能收到好的效果。

(5) 要把握时机，不要拖延

赞美别人要善于把握时机，因为赏不逾时。一旦发现别人有值得赞美的地方，就应马上表扬他，不要拖拉，也不必要积累到一起再找时机表扬。

(6) 要真心诚意，不能虚伪

富兰克林说：“诚实是最好的政策。”有的人在赞美别人时，只想着树立自己的个人威信，收买人心，实际上却并没有表现出欣赏的诚意，这样的赞美根本不会起作用。所以，赞美要表示出真心诚意。

控制自己的面部表情

有人曾问古希腊大演讲家德摩斯梯尼，演讲家最重要的才能是什么。他回答："表情。"又问："其次呢?""表情。""再次呢?""表情。"

演讲家说的"表情"就是心理学上说的表情语，它是一种通过面部表情来表达情感、传递信息的体态语言。眉开眼笑、怒目而视、愁眉苦脸、面红耳赤、泪流满面等都是比较典型的面部表情。

表情语，也叫面部表情，是人类的一种基本沟通方式，也是情绪表达的一种基本方式，更是个人情感的"晴雨表"。一个人内心世界所有的复杂活动，都可以通过面部表情的变化表现出来，而且比嘴里讲的语言复杂千百倍，表达的意思也更丰富、更深刻。通过观察和了解一个人的面部表情，可以测量他的情感，甚至是他的人生态度、人格和价值观。

面部表情可以清楚地表明一个人的情绪，这种表现往往是随意的、自发的，但也是可以控制的。在人际沟通的过程中，完全可以有意识地控制自己的面部表情，以加强沟通的效果。

英子在一家网络公司负责售后服务。这天早上她出门之前和婆婆大吵了一架，结果没有赶上公交车，迟到了10分钟，被公司扣了50块钱，她因此而愤愤不平。

很不巧，刚刚过了半个小时，就来了一位先生向英子投诉，说用了他们公司的4兆的宽带，网速却仍然慢得要命。开始的时候，英子试图耐心地和他解释，可对方根本就不听。看着蛮不讲理的客户，英子的火气也大了，她眉毛向上挑着，嘴角向下咧着，嘴唇也有些轻微的颤抖，怒气冲冲，再过一秒钟就有破口大骂的可能。

恰巧这时，主管看到了这一幕，赶忙过来“劝架”，好不容易才平息了这场干戈。主管把客户请进了办公室，面带微笑地问：“先生，您能把您的具体问题跟我说一下吗？我一定尽力帮您解决。”

那位先生的脾气稍微小了些，说：“以前我就是用你们的宽带，1.5兆的，感觉上网、下载东西都挺快的。后来有一次我来交网费，看你们4兆的才比1.5兆的每个月多交10块钱，网速还能快不少，我就换了4兆的。可换了之后，网速一点儿都没有快！”

主管很关切地说：“真的啊？我想一定是有些地方出了问题。您先别着急，我马上让我们的技术人员去您那里检查一下。”

“还有你们那个客服，什么态度啊！”还没等主管说完，客户又紧接着抱怨道。

主管抿着嘴角，一脸的严肃，用力地点点头说：“您说得很对，我对我们的员工有如此表现十分抱歉，在此我代她向您表示郑重的歉意。另外，我一定会批评她的，并且根据公司的相关规定对她进行处罚。以后还请您多多监督我们的服务，随时向我们提出意见和建议。”客户一边点着头，一边说一定会的。然后，主管就陪着客户，带上一名技术人员出发了。

上例中的英子一副“战斗”式的表情，谁见了都会心情郁闷，更何况面对的是客户的投诉呢？相比之下，主管一脸关切和严肃的表情，会让客户觉得主管是真诚地帮他处理问题，认同他的观点，接受他的意见。客户并非得理不饶人，面对诚恳的态度，纵然心如钢铁，也会化成绕指柔。

美国心理学家艾伯特·梅拉比安在一系列研究的基础上得出了一个公式：信息的总效果=7%的言辞+38%的语调+55%的面部表情。由此可见，面部表情在信息传达中起着多么重要的作用。在和他人交谈的时候，如果不注意表情上的配合，很难得到对方真正的认同。

人们常说："出门看天气，进门观脸色。"为了使自己的面部表情真正起到传情达意的效果，就必须做到情绪饱满、精神振奋、态度和蔼、感情热忱。

比如，当客户提出一个问题后，你可以轻轻皱眉，以示思索；当客户提出一个观点的时候，你应该轻轻点头，面带微笑，表示赞同和尊重。

要想用脸"说话"，就必须做到端庄中见微笑、严肃中有柔和，千万不要在客户面前板着面孔、拉长脸。否则，很难给客户一种自然、明朗的感觉，你的这种情绪自然也会影响客户的情绪和心境，甚至是对你的态度。

另外，为了配合你的表情，你应该勇敢地开口。毕竟仅有认同别人的态度是不够的，你必须让对方清清楚楚地知道你的态度。但是，不要陷入争论的陷阱，因为和客户争论，不管过程怎样，结果都是你输。

说话时的表情、语气、语调很重要

社交中，你与陌生人初次见面时，要想赢得对方的好感，说话时的表情、语气、语调都是非常关键的。

语言里所表达的同情、关心、厌恶、鄙视、信任、尊重、包容、原谅、排斥、愤怒、反感、欣慰等等，都会难以掩饰地暴露在面部表情上以及说话的声音中。因此，说话的时候，不仅仅要在语言的内容上下功夫，也要在表情、语气、语调上多加注意。

有一次，索亚邀请魏岩去参加一个朋友举办的联谊会，在会场里，索亚把自己认识的朋友介绍给魏岩。索亚介绍了一位自己曾经多次在魏岩面前提到过的男士，魏岩看到很喜欢，心想："这就是我心里一直幻想的白马王子形象：眼神忧郁、说话语气低沉、喜欢音乐……"

这位男士也曾听索亚提到过魏岩，知道她是一位摇滚音乐爱好者，还是一个文学爱好者，于是主动过来和魏岩聊天。

男士说："魏岩，认识你很高兴。"

魏岩还没做好心理准备，因此有些紧张。

"你好！"魏岩说，但是在心里却开了小差。她想，如果她能赢得男士的好感就好了。

男士说："听说你喜欢音乐？我原来在学校经常给校乐队写歌。"

“是吗?”魏岩想继续说些什么，但又害怕自己说错话,给对方留下不好的印象。

这样聊了一会儿，魏岩不是用目光四处寻找索亚，希望索亚过来缓和一下她的紧张心理，就是心里紧张，表情和语言总是跟不上。

男士觉得，魏岩是个心高气傲的人，她说话总是心不在焉，可能对自己根本就没有兴趣，于是礼貌地找了一个借口离开了。

魏岩感觉非常遗憾，原本遇到了一位自己心仪的男士，却被自己给错过了。

可见，一个人如果善于运用语调、语气，在交流上就会为说话的内容增加分量，但是如果把握不好，则会让自己更快地失去机会。

一个会说话的女人，会通过自己的语气和语调来向对方传达自己的感情，以此让表达更具感染力。比如，跟对方谈论起愉快的事情时，应该使用明快而爽朗的语调；跟对方谈论起忧伤的事情时，应该使用低沉缓慢的语调；跟对方辩论问题或鼓励对方时，应该使用比解答问题和安慰对方时高出一倍或几倍的嗓门儿。这样轻重抑扬相结合，便于你表达丰富的内心世界，抒发真实情感。

语言的声调，主要体现在五个方面：速度——说话的快慢；音量——说话声音的大小；音高——声音的高低；音变——声音的变化；音质——声音的和谐度。只要你在说话的时候把握好这几个方面，再结合表情、表达的内容，那么你说出的话就会讨人喜欢。

声音是一项非常重要的沟通工具，它能够清楚地表明你是谁，并且决定了外界如何倾听你以及看待你。有很多人既有着前进的能力，也有着前进的动力，却因为一个普通的“说话”问题阻碍了自己的成功之路。

加州大学洛杉矶分校的一项调查显示，在决定第一印象的各种因素中，视觉印象（即外貌）占55%，声音印象（即讲话方式）占38%，而语言印象（即讲话内容）仅占微不足道的7%！如果是电话交谈，由于不存在外貌因素的影响，声音更是占到83%的比重！可见声音之重要。

马青远是一家经贸公司的经理，每天都会有许多人打电话与他洽谈合作事宜，而最近他却出人意料地与一家名不见经传的小企业签了一份为数不小的订单。

马青远说：“这还真得归功于那位打电话过来的女业务员。其实她也没有什么过人的口才，只是很客观地向我介绍他们的企业和产品。她的声音低沉而有力，语调里传达出语言所无法表达的诚恳、热情和自信，我不由自主地就信任她了。通了几次电话后，我又亲自去实地考察了一番，最终达成了协议。通过这件事我得出一个结论：动听的声音在愉悦听觉的同时，也为说话的人增添了几分吸引力。”

你的声音听起来怎么样？要拥有动听的声音，可以从以下方面入手：

（1）纠正发音的毛病

你可以改变自己说话的方式。即使你已经习惯于用一种固定方式说话，也不意味着你就改变不了你现在的声音。一些简单的声音和演讲训练可以起到很大的作用。

比如，如果你讲话时鼻音很重，那么你可以多尝试用喉音说话。

如果你的问题在于语速过快，你要学会在说话时偶尔停顿一下。呼吸的停顿，实际上就是为你的思考加上“逗号”。它会帮助你将思绪分解成更小、更易控制的单元，从而调节好语速。而且，停顿还便于听者有更多的时间来消化你之前所说的话。

如果你的问题是存在吞音或者漏词，你应该首先检查一下自己的语速。语速一快，就容易造成吞音或漏词。不过，有些人即使说话很快也依然字正腔圆。因此，发音清晰的关键是了解自身语速的极限，用自己力所能及的语速说话。

如果你说起话来总是含混不清，可能是因为你在说话时嘴张得不够大。因此在说话时，应试着把嘴巴张大一点。

(2) 为声音注入活力

很多人都有过这样的经历：在某次会议上，你的发言得不到听众太大的反应，但几分钟后别人说了同样的事，却得到了所有人的关注和赞赏。很多时候，问题的症结不在于你说的内容，而在于你说的方式。

在一次重要的行业会议上，有位经理做了发言。作为领导，他备受尊敬。但是，作为演讲者，他的声音却让人难以接受。即使是在发挥最好的时候，他的声音听起来还是很单调，而在发挥最差的时候，说他是“五音不全”也不冤枉。

这次演讲注定是失败的，然而，有趣的事情发生了。他在讲述一个关于自己的故事时，声音突然起了变化。原本平淡的演说，融入了鲜活的色彩与激情。

关于该如何演讲，这位经理采取了一个简单的解决方案，就是把演讲内容当成一个故事来讲。“讲故事”而非“做演讲”使他得以展现出真实的自己，说话也就更加自如了。

想象你正在听两段不同的音乐，第一段有4个音符，第二段有12个音符。哪一段音乐能更持久地吸引住你？当然是后者，因为它变换丰富。人的声音也是一样。声音越丰富多彩，变化越多，就越能抓住听众的注意力。

你可以在说到关键的信息时，改变音调；在说到用来限定或描述事物的词语，如形容词、副词和行为动词时，最好加重语气；如果你不习惯抑扬顿挫地来说话，则可以多使用高音，来获得最佳效果。

(3) 接受系统的训练

你不可能仅仅通过平时的说话来练就洪亮有力的声音。日常说话是无法和正规的训练相比的。要练就洪亮、有力的声音，且这种声音能够引起别人的注意，帮你赢得他人的尊重，你需要接受系统的发声训练。

你的声音多久能够得到明显改善呢？这取决于你愿意付出多大的努力。你需要培养自己挖掘悦耳声音的潜力，不要满足于达到最低标准。你的声音听起来越悦耳，你能够获得的机会就越多。请记住，无论这是否公平，在你的个人生活与职业生涯中，人们往往通过你的声音来评判你这个人。

适时幽默一下，你会成为最受欢迎的人

当今社会，女人的压力颇多，又要年轻漂亮，也要聪明能干，还要收入丰厚，而要成为一个受欢迎的女人，靠的就是智慧。幽默是一种智慧，幽默可以淡化人的消极情绪，消除沮丧与痛苦。具有幽默感的人，生活充满情趣，许多看来令人痛苦烦恼之事，他们却应付得轻松自如。可见，幽默具有多么强大的魔力！

在音乐厅里，主持人走上舞台后发现台下的观众还不到一半，有些失望，但他很快调整好了情绪，恢复了自信。他走向舞台的脚灯，对听众说："这个城市一定很有钱。我看到你们每个人都买了两三张票。"音乐厅里顿时响起一片笑声。为数不多的观众立刻对这位主持人产生了好感，也开始聚精会神地欣赏精彩的音乐。

人们常有这样的体会：在紧张的氛围或者严肃的场合中，陌生人的一句幽默话、一个风趣故事，就能使人笑逐颜开，迅速拉近彼此之间的距离。

美国的一位心理学家说过："幽默是一种最有趣、最有感染力、最具有普遍意义的传递艺术。"

很多女人都想成为人群中的"开心果"，可怎样才能学会幽默，成为一个有幽默感的女人呢？在培养幽默细胞之前，你有必

要先来了解一下幽默的注意事项，因为稍有不慎，幽默就会成为麻烦的“替身”。

首先，幽默要内容高雅。内容粗俗或者不雅的幽默，也能博人一笑，但过后就容易让人感觉到乏味、无聊和反感，从而损害幽默者的形象。

其次，幽默要态度友善。幽默的过程是情感互相交流传递的过程，以挖苦对方、发泄厌恶为目的的幽默，不能称为幽默，这样的“幽默”，只能给人留下不好的印象。幽默应从友善的角度出发，既能达到调节气氛的目的，又可以体现出自己的风格和善意。

再次，幽默要注意场合。在庄重、严肃的场合，幽默要注意分寸，否则会引起反感，甚至招来麻烦。同时还要注意，因为身份、性格和心情的不同，人们对幽默的承受能力也有差异。同一个幽默，不同的人可能会有截然不同的反应。一般来说，晚辈对长辈，下级对上级，男士对女士，要慎重使用幽默；即使是同辈之间，如果对方性格内向、敏感，幽默也要慎重；一个人平时性格开朗，但你恰好碰到他不愉快的时候，也不要随便幽默。

最后，幽默还要把握好“度”。应分清楚场合和对象，不能用低俗的笑料、恶意的模仿以嘲笑弱者或负面的角度来表达幽默。此外，还应避免用有关宗教、种族、政治、两性、对方所在行业不光明的前景以及其他可能让人不愉快的素材来表达幽默。

另外，平时还要多看些幽默的书籍。正所谓“熟读唐诗三百首，不会作诗也会吟”，见得多，听得多了，骨子里的幽默感自然也就多了。学会幽默，适时地幽默，你就会成为最受欢迎的人。

说话真诚，最能打动人心

女人的语言魅力源于真诚。

从米歇尔的谈吐之间可以看出她是一位个性健康、明亮的女人，不论在任何场合，她都真挚到诚恳，从不矫情、造作。比如，总统竞选期间，她形容丈夫奥巴马在华盛顿的住所是一间“容易着火”“可以吃比萨”的小公寓，每次她去看奥巴马，都得一起去住宾馆。记者问她：“那以后白宫呢？”她坦然而眉飞色舞地感叹：“白宫真的是太美了，是那种让人产生敬畏的激情的美。在那里走一圈之后，感觉能住在那里真是一种上天的赐予、一种荣耀。”当谈及自己的丈夫时，米歇尔还会爆料自己丈夫不会整理床铺，这些小细节为奥巴马平添几分人情味，给人感觉真实而亲近。

米歇尔基本不谈政策纲领，而是打人性牌，大谈奥巴马睡觉鼾声大、早上起床时口臭令女儿不敢接近等趣事。即使夫妻一起上电视做节目，他们也是谈笑风生，彼此打趣，自然而然地显露出淳朴、单纯的一面。

曾有记者问奥巴马：“获胜后，太太说了什么？”奥巴马幽默地说：“她说：‘那你明早上还送女儿上学去吗？’”第一夫人米歇尔听后大笑：“我没说，我可没这么说啊！”夫妇俩眼神里交流的是真挚的感情，默契而生动。这样简单真挚的感情，其实是最能打动人心的。

一个人讲话如果只追求外表漂亮，缺乏真挚的感情，开出的也只能是无果之花，虽然能欺骗别人的耳朵，却不能欺骗别人的心。

人与人交谈，贵在真诚。有诗云："功成理定何神速，贵在推心置人腹。"白居易曾说过："动人心者，莫先乎情。"炽热真诚的情感能使"快者掀髯，愤者扼腕，悲者掩泣，羡者色飞"。只要你与人交流时能捧出一颗恳切至诚的心、一颗火热滚烫的心，怎能不让人感动？

说话不是敲锣击鼓，而是敲击人们的"心铃"。"心铃"是最精密的乐器。应该用真挚的情感、竭诚的态度去击响人们的"心铃"，并刺激之、感化之、振奋之、激励之、慰藉之。对真善美，热情讴歌；对假恶丑，无情鞭挞。让喜怒哀乐，溢于言表；使黑白贬褒泾渭分明。用自己的心弦去弹拨他人之心弦，用自己的灵魂去感染他人的灵魂，使听者闻其言，知其声，见其心。

真诚的语言，不论对说者还是对听者来说，都至关重要。说话的魅力，不在于说得多么流畅，多么滔滔不绝，而在于是否表达真诚。最能赢得人心的女人，不一定是口若悬河的女人，而是善于表达自己真诚情感的女人。

心理学家认为，人与人之间存在"互酬互动效应"，即你如果真诚地对待别人，别人也会以同样的方式给予你回报。道声"谢谢"，看似平常，却能引起人际关系的良性互动，成为交际成功的催化剂。

如果一个女人能用得体的语言表达她的真诚，她就能很容易地赢得对方的信任，与对方建立起信赖关系，对方也会因此喜欢她说的话，并答应她提出的要求。能够打动人心的话语，可称得上是“金口玉言”、“一字千金”。

说话是一个传递信息的过程，所以要提高自己的说话水平，增强自己的语言魅力，并不完全在于说话者本人能否准确、流畅地表达自己的思想，还在于她所表达的思想、信息能否为听众所接受并产生共鸣。也就是说，要将话说好，关键在于如何拨动听者的心弦。

在生活中，有些女人长篇大论，甚至慷慨陈词，可就是难以提起听者的精神。而有些女人仅寥寥数语，却掷地有声。这是为什么呢？

原因是后者能了解人们的内心需要，能设身处地地站在对方的立场，为对方着想。因此她们的话总是充满真诚，也更容易打动人心。

真诚的语言没有过多的华丽辞藻，却是最感人的。

有家电视台播放过一个节目，中国女足在一次比赛中获得较好的名次，记者向运动员问道：“你们得了亚军后心情如何？你们是怎么想的？”其中一名运动员不假思索地回答道：“我想最好能睡三天觉！”

这样的回答有些出乎意料，但它质朴实在，没有任何修饰成分，所以全场顿时爆发出一片赞许的笑声和掌声。情深，才可惊心动魄。语言真诚，即使几句简单的话，也能引起听者的强烈共鸣。

学会倾听

米歇尔·奥巴马在北京大学演讲时说：“当所有公民的声音和观点都能得到倾听时，国家会变得更加强大和繁荣。”由此可见认真倾听的重要性。

在人际交往中，倾听是对别人尊重和关注的表现。专心地听别人讲话，是你所能给予别人的最有效的，也是最好的恭维。一个善于倾听的女人，无论走到哪里都会受到欢迎，而一个不善于倾听的女人，则可能四处碰壁。有人说，上帝给我们两只耳朵、一张嘴巴，就是希望我们能少说多听。可是，并不是人人都能理解这一点，能理解这一点也不一定能做到这一点。

很多人觉得，口才好的人是最会说话的人，也能更容易地制造说话的“气场”。其实，事实并非如此。交流中的一半是在用心倾听对方的谈话，不管你有多好的口才、你讲的话有多精彩，你要是不注意听别人说话，你就无法感染别人。

能够静静地聆听，表示你对对方尊重。若是你能对对方做出适当的反应，比如点下头，微笑地看着对方，给对方一个肯定的回答，就显得更加有礼貌了。当然，你也可以适时地否定，这既证明你对对方的谈话很有兴趣，也表示你有自己的立场和观点。

王小蒙是个比较腼腆的人，毕业后进了一家外企。无论是朋友还是同事，都觉得她是个会说话的人。

有一天，王小蒙去参加一个朋友举办的联谊聚会。去的时候有点儿晚了，她看到所有人正三个两个地聊得非常火热。于是她就找了个位置坐了下来，不一会儿，有人过来找她聊天，她微笑着向对方点点头。

互通了姓名以后，对方以正在播放着的音乐切入了话题。

“你喜欢音乐吗?”

“还行。你也喜欢?”

“我喜欢欧美的乡村音乐，现在市面上几乎找不到这样的东西。”

由此开头，对方便开始侃侃而谈他的音乐，王小蒙适时地表示赞同，有时候在对方谈得兴致非常高的时候就看着对方微笑，偶尔在自己也比较感兴趣的地方稍加表示。

等到联谊聚会快结束的时候，对方似乎还有些意犹未尽，觉得今天遇到了一个知音。

最后临走的时候，他向王小蒙要了电话，还对主办联谊聚会的朋友说：“你的朋友非常善于交谈。”

善于倾听，不但是搞好人际关系的关键，也是你增加好“人缘”的关键。善于倾听别人讲话是一种素养，因为认真倾听别人讲话，表现了对说话者的尊重，人们往往会把忠实的听众视作可以信赖的知己。

倾听的好处还有很多。首先，倾听可以缓解他人的压力。当一个人有了心理负担和心理疾病的时候，他总是愿意把自己心中的烦恼向一个好的倾听者诉说，以寻求解脱的办法。而在这时，倾听者对倾诉方表示出体谅的心情，比如，适当地插入“我理解你的心情，要是我，我也会这样”之类的话语，这样一来，你们的交谈就能够融洽地进行下去，你的劝慰也容易起到作用。

其次，注意倾听别人讲话，会给人留下非常良好的印象。在小说《傲慢与偏见》中，伊丽莎白在一次茶会上专注地听着一位刚刚从非洲旅行回来的男士讲非洲的所见所闻，几乎没有说什么话，但分手时那位绅士却对别人说，伊丽莎白是个多么善言谈的姑娘。

再次，倾听是一个信息收集的过程，它可以让你学到更多的东西，更好地了解人和事，丰富知识，使你变得更聪明。

善于倾听是人际交往中的一种手段，它就像乐谱上的休止符，若运用得当，则含义无穷，真正达到“无声胜有声”的效果。

以下几条是关于倾听的技巧。

(1) 保持眼神接触

应与说话人保持眼神接触，让说话人感觉到，你的注意力完全在他身上。

(2) 给讲话人语言暗示，鼓励对方多说一些

例如：“明白了。”“多给我讲一些。”“然后怎么样了？”“请继续。”请注意，每一个暗示都很简短，只需两三个词，但足以使讲话人深受鼓舞。

(3) 清除交流障碍

你可以走到办公桌前，靠近来访者坐下；也可以在谈话时将办公电话、手机或传呼机关掉；如果嘈杂的收音机或周围人的谈话影响了你，可以将收音机关掉或换一个安静的环境。

(4) 对听到的话进行解释与核对

比如：“如果我没理解错的话，你一定认为会议缺少明确的议程安排，因此显得有些混乱。”此时应有一个停顿，以便讲话

人肯定你的观点或予以纠正。

(5) 表示同感

如果有人告诉你，他失去了一个期待已久的晋升机会，你应该回答道："真是遗憾，我想你肯定失望极了。"

(6) 分享谈话核心的角色

在谈话的过程当中，应不时"让出"核心的角色。不要总是试图"统治"与他人的谈话，而应尽量让其他人都参与进来。例如，你可以说："莎伦，我们很想听听你在这个问题上的看法，可以给大家介绍一下吗？"

(7) 暗示你乐于听到不同的意见

比如："你提出的这个建议，我还真是第一次听到，我会认真考虑的。请谈一谈应该怎样落实你的想法。"

(8) 提出反对意见前，应听全、听懂对方的话

这样，即使你所持的是对立观点，对方也会相信你的立场是公正的。

(9) 把每一次倾听当作学习的机会

敏锐的倾听者会留意那些不被人看好的观点。因此，即便谈论的话题一开始显得很无趣，也应紧跟说话人的思路。在你学习的同时，你也会获得说话人的好感与尊重。

聪明的女人，一定是一个会倾听的女人。善于倾听，会使你在社交场合成为一个受欢迎的人，成为一个沟通高手。因此，学会倾听吧！

懂得说“是”，学会说“不”

在现实生活中，很多人不知道该什么时候说“是”，该什么时候说“不”。被别人要求帮忙或者做一件事，心里想着“不”，结果嘴上言不由衷地说了“是”，事后后悔不已。在恰当的时候说“是”，在恰当的时候说“不”，对一个人来说非常重要，因为它可以让你在面对他人的时候，准确地找到自己的位置，并受到别人的尊重。

懂得说“是”，学会说“不”，实际上是保护自己的一种手段。这么做是需要勇气的，因为说“不”就意味着拒绝，意味着冲突，而避免冲突是维持人际关系的重要方法。有些人总是认为说“是”就能避免冲突，实际上，一味地说“是”，很有可能会使自己陷于被动，那些对你提要求的人会“得寸进尺”，久而久之，你自己的价值就会越来越小，直至消失不见，而你也不会感到快乐。

聪明的女人懂得合理拒绝，一味地用“是”来避免冲突的女人，是将别人的欲望背在了自己身上，久而久之，会被压得喘不过气来。

李萍和爱人平时工作很忙，好不容易有个假期，两个人打算到四川成都及其周边去玩一玩。在火车上，他们遇到了一个老朋友，是李萍曾经的一个生意伙伴。此人交际面甚广，而李萍为人实在、淳朴，不善言辞，所以和这个人也仅仅有生意上的来往，私底下并无太多的交流。

这个朋友邀请几位同事一起到成都玩，当得知李萍夫妇和他们的目的地相同时，便极力邀请他们同行："那边所有食宿出行的事宜我都已经安排好了，你和你爱人就和我们一起吧，不仅省了路费，大家一起还能热闹一些。"

起初，李萍一再推辞。这时，其他几人也围拢过来，七嘴八舌地邀请李萍夫妇加入他们。对方的热情弄得李萍很不好意思，最后实在没办法，就答应了下来。

这个朋友的社交能力果然不俗，从李萍他们下火车开始，无论是接人、住宿还是用餐，一切都安排得井井有条。他们一行七人在成都玩了三天，然后决定第四天去峨眉山。山上的风景虽然美不胜收，可李萍夫妇的心情却并不怎么好。

"照这样下去，我们的假期就要毁掉了。"李萍私下抱怨着。对于她的抱怨，李萍的爱人有些不解。她解释道："我们真的不该和他们一起。他们住的都是豪华酒店，吃饭的地方也都是高级餐厅。吃饭时不喝得烂醉如泥都不肯罢休，吃完饭也不能回酒店休息，还要去KTV或是桑拿浴。说实在的，我真的无法适应这样的生活。"

"嗯，我也有这样的感觉。"

"到了旅游景点，他们也不去参观拍照，而是找个舒服的地方喝酒打牌。虽然咱俩可以独自爬山，但心中总是有顾忌，根本就玩不痛快。咱跟他们就不是一路人，照这样下去，我们的假期就要毁了。"

两个人沉默了一会儿，李萍想到了一个主意："我们自己走吧，不和他们一起了。"

对于李萍的提议，爱人有些迟疑："可是你的那些朋友那么热情，我们怎么好意思不辞而别呢?”

李萍涨红着脸说：“你知道我平时从来不撒谎的，看来这次不撒谎不行了。”

第二天，李萍找到了那个朋友，谎称自己的爱人因水土不服，身体不适，必须赶回成都去看病。朋友信以为真，就找车把他们送回了成都。等送他们的车子离开以后，两个人就高兴地登上了开往另一个景区的观光车。

在日常生活中，撒谎很多时候是一种委婉的拒绝技巧。当你不喜欢而又无法回绝对方的盛情时，撒谎似乎是唯一能让你全身而退的方法。这样的撒谎，其实也是出于善意。

我们在生活里也会遇到类似的情况，要拒绝对方的某些要求而又不便说明理由时，往往就要找到恰当的借口，尽管这些借口并不真实，但听上去却非常正当，这样不仅不会遭到对方的责怪，也能让自己顺利回避对方的要求。正如美国著名作家、演说家马克·吐温说的那样：“我们都说过谎，也都必须说谎。因此聪明的话，我们就应尽快地训练自己能体贴地说谎。”

面对一个请求时，先不要着急做出回答。在决定说“是”还是“不”之前，先思考一下什么是你可以接受的，什么是你不能接受的。很多时候，你无法去拒绝别人，是因为压根不知道自己要保护的是什么，所以，不要急着接受，也不要急着拒绝，先冷静下来，思考清楚自己的想法和能力范围。

要学会用积极的方法来表达自己的拒绝。比如，当一个酷爱麻辣火锅的朋友邀请你吃饭，而你实在讨厌麻辣火锅，这个时候可以积极地拒绝，但不要说“我不想吃这个”“拜托，我没有办法容忍麻辣火锅”等，而应用更有建设性的拒绝方式“我更想吃番茄火锅”“我觉得去必胜客吃一顿是个很好的选择”。这样的方式既表达了自己的态度，也不会让对方觉得难堪。

在平时应进行一些“恰当拒绝”的训练。想一想在这种或那种情况下说“不”，会给自己带来什么好处，看到了这些好处，会鼓励你更多地说“不”。估计一下在不同场合下说“不”的风险，看看最坏的结果是什么，进行了这个训练，你往往会发现回答“不”的风险其实很小。这种退后一步的做法可以有效地抑制你因为说“不”而产生的恐惧。

只要掌握了方法和技巧，相信你就能学会说“不”，学会巧妙地拒绝。

第六章

不念过去，不畏将来，回报生命一个优雅的身影

请调整好你的脚步和姿态，不念过去，不畏将来，过好眼下的日子，去珍惜并享受这生命的美好与恩宠，把你的爱和快乐分享给你身边的每一个人，回报生命一个从容优雅的身影，这样你会活得快乐而轻松。

与其生气，不如疼爱自己

德国哲学家康德有一句名言：“生气，是拿别人的错误来惩罚自己。”但在现实生活中，这样“惩罚”自己的人却屡见不鲜。比如，同事之间磕磕碰碰，大发脾气，互相攻击，伤的其实是自己；邻里之间为鸡毛蒜皮的小事，争吵不休，伤的其实也是自己。

仔细回想一下，不难发现，错误固然应该受到惩罚，但既然错误在他人，为何你要生气？别人犯了错，而你去生气，不正是拿别人的错误来惩罚自己吗？

生气其实就是拿别人的错误来惩罚自己，这是一种最愚蠢的行为。所以，与其生气，不如疼爱自己。

生活中难免有一些不如意的事情，在不顺利的境况下，能够做到不生气，的确是一种生活的智慧。

很多人都知道生活不容易，既然如此，为什么不能每一天去好好地打理自己，照顾好自己的心情，安顿好自己的心情呢？无论遇到什么令人生气的事情，只要你想，你总能找出令你不生气的理由。其实这也是你对自己的一种宠爱。

女人只有学会疼爱自己，才能让自己生活得更加愉快，否则，就会陷入生气的泥沼中，无法自拔。

苏苏是一个“人缘”很好的姑娘，身边的朋友都说她性格很好。

有一次，因为误会，苏苏被领导臭骂一通，而且是当着所有员工的面，这让一个女孩子情何以堪？可是苏苏一声不吭地回到办公室，进门就开始哼着小曲打扫卫生，后来竟然还把楼道里几家单位共用的卫生间也打扫得一尘不染。

有人问苏苏："你真的不生气么？"

苏苏的解释是："反正是误会，领导又不是有意要当众令我出丑的，虽然误会迟早能澄清，但我还是有点儿生气呀，我生气的时候就算坐在电脑前面也没法工作，还不如干点儿体力活，又能锻炼身体。屋子打扫得一尘不染了，我看着也舒服，等我的心思全用来感受这舒服惬意的环境了，哪还顾得上生气呢？"

还有一次，苏苏和闺密去逛街，她在一家品牌店里试了几件衣服，最后选了两件最喜欢的打包买单。可是因为中间一个电话，她买完单忘记拿回衣服了，逛街逛到下午，快回家的时候才发现买的两件衣服忘在那家店里了。

于是两人返回那家店里去找，老板却说他们根本没看见。闺密要求调监控，老板死活不肯。闺密不肯就此罢休，还要和老板理论，却被苏苏硬拽出了门，出了门闺密还在喋喋不休。苏苏提议去吃饭，说："反正是把钱花了，东西也没了，我们与其站在那儿生气，不如去吃好的，吃美食和生闷气，你选哪一个？"

是啊，"吃美食和生闷气，你选哪一个？"与其生气，不如疼爱自己。

你对别人的好都应算作"情分"，对自己好，才是"本分"。因此，遇到生气的事情时，一定要学着疼爱自己，转移自己的注意力，学着寻找令自己不会太过气愤的理由和借口，令自己不要陷入那种恶劣的情绪之中。要明白：令自己快乐是你的义务，也是必须做的事！

不念过去，不畏将来，过好眼下的日子

有人说生命是一场花开，有人说生命是一场逃亡，还有人说生命是一场未知的旅行。但无论怎么说，不可否认的是，生命其实就是一生一次的现场直播，没有彩排，没有剧本，不能快进，也无法重播。

德国语言学家保罗所说："人生如一本书，愚蠢者草草翻过，聪明人细细阅读。为何如此？因为他们只能读它一次。"这是生命的无情之处，也是生命的魅力所在。

人们都知道，时光一去不返。狄更斯说："没有一个人能够制造那么一口钟，来为我们敲回已经逝去的时光。"过去的好与坏，过去的喜悦与泪水、温暖与伤害，都与当下的日子无关。所以，尽可放心地将它们还给过去，别让昨天的阴雨淋湿今天的行装，同样，昨天的太阳也晒不干今天的衣裳。何不如让那些"过去"都静悄悄地过去？

只是，偏偏有些人，怎么也想不通这一点。他们说好听点儿叫恋旧，说难听点儿叫执拗，固执地纠结于往昔的点滴。其实，过去的成功只能证明你过去的优秀，再者，旧日的伤口，你完全可以交给时光去悄然愈合，何必一次次地揭开自己的伤疤呢？

生命的短暂如白驹过隙，你真的没有必要把大把的时光用于与过往较量，因为无论那些过往再怎么差，或再怎么好，它们也都一去不复返了，你再也无法回去改写那些遗憾，或者享受那些美好。

巴尔扎克在《卡迪央王妃的秘密》里说："我们不可能在晚秋时节还会找到我们在春天和夏天错过了的鲜艳花儿。"所以，你若想要从容自在地经营好自己的日子，最聪明的办法便是好好地把握现在，友善而虔诚地面对当下的时日，把每一个黎明当作生命的开始，把每一个黄昏看作生命的小结。

不念过去的同时，也不应畏惧将来，因为无论将来会以什么样的方式、状态到来，它们也都与当下的日子无关。忧虑和畏惧并不能改变什么，因为你不知道明天或者未来会发生什么，即便你做了足够的准备，生活也会随时发生改变。

从前有个小和尚，他每天早上负责清扫寺院里的落叶。

清晨起床清扫落叶实在是一件苦差事，尤其在秋冬之际，每一次风起，落叶总随风飞舞。小和尚每天早上都需要花费许多时间才能清扫完落叶，这让他头痛不已。于是，他开始想要找个好办法让自己轻松一些。

后来有个和尚跟小和尚说："你在明天打扫之前先用力摇树，把树叶统统摇下来，后天就可以不用扫落叶了。"小和尚觉得这是个好办法，于是第二天起了个大早，使劲地猛摇树，他想，这样他就可以把今天跟明天的落叶一次扫干净了。

一整天，小和尚都非常开心。可是第二天，小和尚到院子里一看，不禁怔在原地。院子里如往日一样满地落叶。这时候，老和尚走了过来，对小和尚说："傻孩子，无论你今天怎么用力，明天的落叶还是会飘下来。"小和尚终于明白了，世上有很多事是无法提前的，唯有认真地活在当下，才是最真实的人生态度。

库里希坡斯曾说："过去与未来并不是'存在'的东西，而是‘存在过’和‘可能存在’的东西。唯一‘存在’的是现在。”

所以，你若想要从容快乐地生活，最好的做法便是把生活的重心放在眼前，放在当下。不要沉浸于过去，也不要忧虑未来，把你所有的精力和能量都集中在你正在经历的每一个时刻，好好珍惜你目前正在经历的每一个日子，珍惜你身边的每一个人，珍惜生活里的每一份感情和感动，珍惜这花开虫鸣、日月当空。

也许会有人说：我不是一直都在好好经营、珍惜目前的每一个日子吗？我努力地工作，尽可能地照顾我身边的亲人朋友，我努力地经营着我的婚姻，不失时机地教育引导我的孩子……话是不错，可问题是你是在怎样度过眼前这将一去不返的日子？你是很从容、很享受，还是很焦急、很匆忙，甚至筋疲力尽、狼狈不堪呢？

绝大多数人的生活都是紧张的、疲惫的、不堪重负的。因为这是一个日新月异、竞争激烈的年代，你倘若有半点儿不努力，便极有可能被社会淘汰，更何况还有一个更精致出彩的未来等着你去拼搏呢！所以，很多人都活在当下，却在为未来忙碌着。即便有偶尔的空闲，也都用作回忆了。

而至于当下，他们可能没有时间陪爱人在绿荫下散会儿步，没有耐心陪父母吃完一餐家常饭，甚至没有耐心听孩子问完一些童稚的问题。一直到某一天，时光溜走，回头时才会发现，很多“当时”，那些有时间和精力去做的事情，却都没有来得及做，那时候，再多的后悔都为时已晚。

所以，请调整好你的脚步和姿态，不念过去，不畏将来，过好眼下的日子，珍惜并享受这生命的美好与恩宠，把你的爱和快乐分享给你身边的每一个人，这样你才会回报生命一个从容、优雅的身影，你也才会活得快乐、轻松。

先“处理”心情，再处理事情

一个人内心的强大，并不是表现在一味的坚持上，有时候，一些错误的坚持往往是愚蠢的。而懂得放下，又何尝不是一种内心的强大呢？

悲伤像一块碎玻璃，当它划伤你的生活时，不会考虑你是谁，更不会考虑你的家境出身，不会考虑你的职位高低，更不会考虑你的贫富与否。人与悲伤的关系就是这样——你遇见了它，它就会划伤你，而后你们各奔东西。它也许已经走出去很远了，你却极有可能还蜷在原地伤心哭泣。当然，你也许已经走出了那段令你悲伤的往事，可是那忧伤的心情却与你一路同行。它成了你心里的刺，想起来就格外地痛。

一个人带着这样的“刺”奔赴未来，即便迈着最缓慢的步子，走着最平坦的道路，也都是异常辛苦的。

所以，当悲伤某一日入侵了你的生活，与其强打精神地继续前行，倒不如歇息片刻，“处理”好你的心情，抛开你的“包袱”，然后再轻装上阵。

有个女孩，家庭一般，普通大学毕业，但是她凭借自己的能力和吃苦耐劳的品性，在职场中一路走来如鱼得水，29岁便坐上了外企高管的位置，并且收获了幸福美满的爱情。

可是，谁也没有想到，就在婚礼当天，新郎却意外地宣布取消婚礼，因为就在结婚的前几天，他爱上了另一个姑娘。

女孩用了很长时间精心筹备的婚礼，成了她极尽羞辱的标签。她悲痛欲绝，可令她更为伤心的是，母亲因为接受不了这样的打击，气愤过度，当场高血压发作而晕倒在地，送到医院也没有抢救过来。

一个她曾经那么爱的人，给了她致命的打击和伤害，甚至令她失去了亲人，这样的伤痛对于任何一个女人来说，都不逊于致命一击。

亲朋好友都安慰女孩，希望她能坚强一些，应对这人生突如其来的变故。再怎么说，日子总要过下去的。

女孩最后决定离开。她不仅辞去了那份令人艳羡的高管职位，而且离开了那座令她事业起步而且小有斩获的城市，甚至与所有人都断了联系。

女孩的悄悄离开，令很多人惋惜不已，因为总公司正在考核她，如果她能通过考核，也许就能坐上分公司经理的位置，可是她却选择了离开。

这样一天天过去，就在女孩几乎已经淡出大家的话题和记忆的时候，某天一早，那座城市日报的副刊头条却刊登了这样一篇文章——《归来的凤凰》，文章记载的正是女孩辞职离开后的生活和故事。

原来，女孩离开后，一个人去了西藏，一路沿途旅行，大约在一年多以后，她结束了那场漫长的旅行，去了另一家外企，并且用很短的时间拿下了那家外企在华分公司的总经理职位，而那家公司要比她之前就职的这家公司规模大很多。

那篇文章刊登后不久，女孩因为业务关系来到了原来的城市。办完业务后，她宴请了所有的亲朋好友，还有昔日的同事。闲谈间，大家无不表露着当时的惋惜和担忧，他们都担心女孩因一次打击而放弃对事业的追求，那就太可惜了。

女孩淡淡地浅笑着说："我当初的放弃和离开，只是觉得我带着那么大的悲伤，根本没法处理好日常所应该面对的工作和关系，况且那会儿总公司正在考核我，我那种状况难免要在工作上出差错。那场爱情已经伤得我体无完肤，我不能容许那份悲伤再影响我的事业，所以我决定在事业的道路上稍作停顿，先处理好心情，再去处理事情。"

女孩用她的方式应对着生活的变故，何尝不是一种智慧？带着悲伤的心情去处理重要的事务，难免会出差错，让自己后悔莫及。与其这样，倒不如好好歇息一下，等"处理"好心情，再去处理事情，那时的自己一定会更有能量。

给予自己快乐的心理暗示

有这样一句话："你有什么样的气场，就吸引什么样的人。"生活也大抵如此，同样一件事情，你用不同的心态去面对、去理解，你就会收获不同的感受。这世界上的任何一件事情都有其不置可否的两面性，你看到花是快乐的，看到雨是忧愁的，但也会有人看到花是忧愁的，看到雨则是快乐的。也就是说，重要的不是你看到什么，而是内心在向自己暗示着什么，你便将收获什么。

离婚第一年，她抚着孩子的头悲伤地说：“宝贝，爸爸不要我们了，以后就剩下我们两个人相依为命了！”

孩子从她的怀里坐起来，开心地说：“爸爸再也不回来了吗？这简直太好了，以后他再也不会骂我了，你也不用为他洗衣服、做饭了，多好啊！”

那时候她认为孩子傻，只任自己泪如雨下。

离婚第二年，她一个人修厨房的推拉门，禁不住跟孩子喃喃：“以前这些活都是你爸爸帮咱们干的，现在他不会再帮咱们了。”

孩子乖巧地递着工具，“他不帮咱们修了，咱们不是就可以自己学着修了嘛。你看我还认识了好多工具，你也会修推拉门了，这多好呀！我明天就去问问同学们，看看他们谁的妈妈会修推拉门！”

她抬起头来，无奈地看着傻傻的孩子，一脸的悲伤。

离婚第三年，她整理衣物时发现了前夫留下的物品，若有所思地摸着它们，跟孩子说：“这是你爸爸的背心，他应该都不会记得，这是那年他生日，我们一起去品牌店买的。他不要我们，也不要它了。”

孩子抢过背心在自己身上比画：“爸爸不要了留给我穿，这样妈妈又可以节省一笔给我买背心的钱啦。你也就不用那么辛苦了。”

她心疼地摸了摸孩子的脸，这三年的时间，孩子教会了她很多东西。

从此，她不再像以前那样，觉得丈夫的离开是件多么坏的事情。既然两个人不合适了，分开也许是最正确的选择，这样两个人都会多一次人生选择的机会，更有机会遇到真正可以让自己幸福的人。

法国著名思想家、文学家罗曼·罗兰曾经说过："一个人如能让自己经常维持像孩子一般纯洁的心灵，用乐观的心情做事，用善良的心肠待人，光明、坦白，他的人生一定比别人快乐得多。"上例中的母子也正印证了这个道理，纯净、乐观的心理暗示，能成就人一生真正的快乐。

然而，现实里总有很多人揪着过往不放，他们持着昔日的"旧剑"一次次地刺伤自己，这除了令自己更加痛苦又浪费时间之外，别无益处。漫步人生，总会遭遇令你欢喜的事情，也难免会遭遇一些令你无比痛苦的人和事，这是无可避免的。但人们往往容易记住那些令自己不开心的事，总是很容易就忘记那些非常快乐的过往。

其实，这种习惯，对人生成长来说是不利的，因为记着那些痛苦的事情，对身心来说便是一种无形的心理暗示，会提醒你那些伤害过自己的人、伤害过自己的事以及旧日的伤口和痛楚。

所以，想要快乐、幸福地生活，就一定要从快乐的心理暗示做起，针对同一事件，即便它对你来说再怎么不利，你也要学着找出它对你有利的一面，然后给予自己快乐的心理暗示。只有这样，你才会有绝对的好心情和饱满的精神去迎接、处理生活里那些随时可能发生的、令你感到棘手的问题。也只有这样，你才会在艰难的生活面前一天天地强大起来。

抑制盲目膨胀的虚荣心

爱美是女人的天性，女人生来就喜欢美丽的东西：喜欢打扮，喜欢漂亮的服饰，喜欢绵绵情话，喜欢美酒咖啡，喜欢音乐，喜欢浪漫的爱情，喜欢精致的家具、温馨的卧房、宽敞的客厅……爱美本无错，只是对美过度追求就变成了虚荣。

莫泊桑《项链》里的玛蒂尔德，为了一时的虚荣而过着一种可悲的生活："她变成了贫穷家庭里的敢做敢当的妇人。头发从来不梳光，裙子歪系着，两手通红，高嗓门说话，大盆水洗地板。"虚荣让她付出了极大的代价。

在与男性交往或恋爱中，女性如果处理不好虚荣心的问题，往往容易迷失自己，最终将会承受极大的痛苦。

认识桦的时候，珍刚换了一份工作，一切都要从头开始。桦的关心和帮助，深深感动着珍。"这正是我要的男生。"看着桦俊朗的外貌，珍在心里默许。桦的收入不错，可是要满足珍的虚荣心，在这个繁华的都市似乎还是有些困难。

在这个都市，有着太多的诱惑。他们没有房子，没有车子，还处于"一穷二白"的阶段。桦对珍的大手大脚颇有微词，可他是宠她的，他宁可自己节省，也不愿让珍受半点儿委屈。可珍每当看着同事拎着LV包，穿着香奈儿套装，心里就有一种酸酸的感觉，回到家，就会对桦发一场不大不小的脾气。桦从不生气，每次都默默地听珍诉说，有时连珍自己都觉得没理，可还是死撑着让桦来哄，桦的好脾气助长了珍的嚣张气焰。

渐渐地，两人在一起时间长了，结婚、买房子的事情提上了日程。看着日益增长的房价，他们按捺不住，商量着一起买房子。说是一起买，珍不过是在公积金里攒了一些钱，而为了在姐妹中炫耀，珍要求桦答应房产证上写她的名字，桦想也没想就答应了。那时珍笑着问桦："你就不怕，万一我和你分手，你连房子都没有吗？"桦很认真地对珍说："如果你真的要和我分手，这房子还算什么呢？我宁可不要。再说你在上海无依无靠，我是个男的，走到哪里都可以生活，难道我会要你一个女孩子拎着箱子在大街上流浪吗？"看着桦一脸的真诚，珍被感动了，这是一个爱她的男人，一个全心全意呵护她，想要和她天荒地老，就算她背叛他也会为她着想的男人，珍决定和他过一生。

买了房子后，两个人的生活就显得拮据了，珍不能再像以前那样大手大脚地花钱，而桦则更加节省。可是，虚荣心让珍抵挡不了诱惑，她常常会不顾一切地刷信用卡来满足自己的需要，而把沉重的债务丢给桦，却从未想过，他是如何还上这些钱的。

一天，珍头脑发热地买了一个LV包，当她喜滋滋地拿着包向桦炫耀时，桦生气了，一言不发，脸阴沉沉地问珍："你知道我一个月还多少贷款吗？你知道这一个包要刷掉多少钱吗？你知道我们住的房子的贷款加上电、水、煤气费是多少吗？"珍愣在那里，不知道该怎么回答。看着桦吓人的样子，珍大哭着不负责任地说："你自己挣不到钱，干吗说我？"

"你要是嫌弃我，就去找个大款。"桦摔门而去。虽然没多久他们又和好了，但从此他们经常为了钱的事情吵架。

桦的气话，在珍遇见程后，变成了现实。程在上海开了一家公司，规模很大，让珍的虚荣心得到了极大的满足。他经常带珍出入那些以前不敢去的高档场所，还送珍一些价值不菲的礼物。虽然珍心里觉得对不起桦，但她却控制不了自己，面对程的金钱攻势，珍一点儿一点儿地妥协了。好友不断地劝她，每每看着桦忙碌的样子，珍也会很自责，下定决心要放弃程，可是当程开着宝马出现在珍面前时，她又会不由自主地坐进去。

珍生日时，程用一根钻石项链彻底征服了她，珍狠着心从和桦住的房子中搬了出来，不敢看桦悲伤的双眼。好友在她身后说："你会后悔的，你会后悔一辈子的。"

不到一年，好友的话应验了。程开始夜不归宿，总说太忙，常常背着珍打电话，身上会有陌生的香水味。没事的，一切都会没事的，珍安慰着自己，还拿着程给的信用卡不停地购物来安慰自己。然而，珍不得不面对现实，当程收回信用卡时，她又回到了那个一无所有的样子。

这时，珍才想到桦的好，才明白好友的话，可是又有什么用呢？桦的身边已经有了一个甜美的女生，她和桦很般配，就算她没有出现，珍依然无法回到桦的身边，因为珍自己都不能原谅自己了。离开桦，是珍这一生犯的最大的错误。

不可否认，女人多少都会有虚荣心，在情感道路上，找个有钱的男人当然好，但要以男人真心爱你为前提。如果把金钱、物质作为择偶的标准，是难以得到真正的爱情的。

女人爱美是无可厚非的事情，但要懂得量力而行，保持勤俭节约的美德，还要有正确的审美观念。要知道，美丽并不都是靠华丽的服饰包装出来的。过于注重外在，为满足虚荣心而超出自己的能力范围，就会得不偿失。

有魅力的女人不会穿着虚荣的外衣招摇过市，她们会用充实的内心和头脑为自己架构一件坚不可摧的外衣。一个有魅力的女人会把虚荣心向积极的方向转化，把对物质的追求转化成进取的动力，把虚化的图景变为现实的生活。

在反省中完善自己

女人要想内心强大，不能依靠虚张声势，那不是真正的强大。内心强大的女人，一定是懂得内省的。她们懂得随时修正自己，不被做假的情绪障碍，不因固执己见而钻进“牛角尖”里。她们明白自己的缺点，并致力改进，不自欺欺人。

有道是“智者千虑，必有一失”，人生不可能尽善尽美，但我们应该努力地去塑造和追求完美。所谓“反省”，就是反过身来省察自己，检讨自己的言行，看自己犯了哪些错误，看有没有需要改进的地方。

能够时时审视自己的人，不会将过错和失败推给别人，不会将怨气撒到别人身上，他们会常常反省，在反省中完善自己，让自己变得越来越强大。

鲁国公问颜回：“我听到你的老师孔子说，同样的错误你绝不犯第二回。这是真的吗?”

颜回说：“这是我一生都在努力做到的事情。”

鲁国公又问：“这是很难的事情啊，你是怎样做到的呢?”

颜回说："要想做到这一点并不难。我经常反省自己，看看自己哪些是对的，哪些是错的。做对的要坚持下去，做错的要引以为鉴。这样坚持久了，就能够做到'无贰过'。"

鲁国公赞叹地说："经常反思，'无贰过'，这可以说是圣人了。"

从来不犯错误的人是没有的，从来不犯过去曾犯过的错误的人也是不多见的。暂且不论人是不是犯过曾犯的错误，颜回这种经常反思的精神却是十分可贵的。

一个人应时时反省、检讨自己。其实，在每一个人的内心深处多少都隐藏了一些不易察觉的弱点，这种内在的弱点常常使我们处于一种危险的境地。譬如，生活漫无目标，整日无所事事，只会嫉妒别人的能力，自怨自艾为什么好运永远不会落在自己的头上，嗜酒如命，饮食不知节制，消费成癖……如果你不反省这些缺点，就会把自己一步一步推向深渊。

著名化学家"格氏试剂"的发明者维克多·格林尼亚出生在法国瑟儿堡有名望的贵族家庭。格林尼亚在青少年时代，由于家境优裕，加上父母溺爱，娇生惯养，使得他在瑟儿堡整天游荡、盛气凌人。他没有理想，根本不把学业放在心上，整天和年轻美貌的姑娘们谈情说爱。

一次午宴上，一位刚从巴黎来到瑟儿堡的美丽女伯爵，竟然毫不客气地对格林尼亚说："请站远一点儿，我最讨厌被你这样的花花公子挡住视线。"这句话如同针一般刺痛了他的心。他猛然醒悟，开始悔恨自己过去荒唐的行为，并产生了羞愧和苦涩之感。他立志发奋学习，要追回虚度的光阴。

于是，格林尼亚离开了家，来到里昂拜路易·波韦尔为师。

经过两年的刻苦学习，格林尼亚终于补上了过去所耽误的全部课程，进入了里昂大学。在大学学习期间，格林尼亚的苦学态度赢得了有机化学权威菲利普·巴尔的赞赏。

在巴尔的指导下，格林尼亚把老师所有著名的化学实验重新做了一遍，并准确地纠正了巴尔的一些错误和疏忽之处。终于，在这些大量的平凡的实验中，“格氏试剂”诞生了。

打开了科学的大门后，格林尼亚的科研成果就像泉水般地涌了出来，仅从1901至1905年，他就发表了很多篇论文。鉴于格林尼亚的重大贡献，瑞典皇家科学院授予其1912年度诺贝尔化学奖。

人生在世，要及时反省，以人为镜，不抱怨，不自满，不武断，不固执，虚心学习别人的长处，反省自己的不足并自觉地加以克服，注意倾听别人的意见，乐于接受别人的帮助。这是一个人成熟的标志、智慧的体现。

美国总统富兰克林每晚都自我反省。他说自己犯过13项严重的错误，其中三项是：浪费时间、关心琐事及与人争论。睿智的富兰克林知道，不改掉这些缺点，自己是成不了大业的。所以，他一周定一个要改进的缺点作为目标，并每天记录。下一周，他再努力改正另一个缺点。他一直与自己的缺点奋战，整整持续了两年。后来，富兰克林成为受人爱戴、极具影响力的人物。

一个人如果失去反省的能力，他就看不见自己的问题，更不能自救。反省会让人更清醒地认识自己。在安静的心灵状态下，你可以看清事情，包括自己对问题应负的责任、做事情的新方法，以及阻碍自己前进的原因。反省会让你察觉到自己所设下的限制，以及思考中的某些盲点。

身处嘈杂浮躁的世界，人往往会被许多表面现象所迷惑。你必须时刻保持清醒的头脑，停止毫无用处的抱怨，静下心来不断反省和总结，不断完善自己，让内心真正达到一种平和、强大的状态。

你的忧虑解决不了任何问题

人生路漫漫，再怎么风雨兼程，也难免困难百出、状况不断，这时候，只要你肯端正态度，并且拿出实际行动，那么困难总会过去，状况总会解决，而无须忧虑，因为你的忧虑根本解决不了任何问题，你要做的是站出来想办法解决问题。

有个女人，她的丈夫对她很好，虽然他工作辛苦，但他总能为妻子和孩子挣回不菲的生活费用。他们虽然不是大富大贵，但小家也其乐融融。丈夫是个很乐观的人，遇事总是能积极地行动，无论家里发生什么事，丈夫都能第一时间站出来解决掉。这样时间久了，妻子依赖丈夫成了习惯。

后来，丈夫经人介绍去国外打工，要三年的时间才能回来，妻子不得不面对暂时独自抚养三个儿子的生活。刚开始的时候，一切倒还顺利，因为丈夫走的时候几乎安排好了所有事项，但是时间久了，问题还是层出不穷，妻子几乎终日陷入没有穷尽的忧虑之中。天阴了，妻子会担心明天如果下雨，孩子怎么去学校？路太滑了，一定会摔倒的！天晴了，妻子会担心地里的菜苗，这样暴晒下去，它们一定会枯死的，那她和孩子吃什么？

一个大雨天，妻子一早就又开始闷闷不乐。大儿子走过来，问她为什么不开心。她说："我担心这么多的雨水集聚在院子里，一定会完全弄湿羊舍的墙，那样羊舍会垮，山羊会被压死的。"大儿子想了想说："那我们现在穿上雨衣去清理水道吧，这样没有落叶杂物堵住水道，水就能很顺利地全流出去了。"她听了大儿子的话，一起去清理了水道，大雨停了后，她的羊舍安然无恙。

不久后，到了秋收的季节，妻子带着孩子们收回金灿灿的玉米。看着一大堆丰收的粮食，妻子却怎么也开心不起来。"这么好的玉米，如果被老鼠偷吃了该多可惜呀！"二儿子听罢，一声不响地去邻居家借了一只猫咪，养在院子里，老鼠自是不敢光临。

就这样，他们终于过完了第一个年头。临近年关的时候，妻子又开始忧虑了，丈夫务工一年还没有寄回来一分钱，她该拿什么去置办年货呢？小儿子机警聪明，看出了母亲的心思，叫上两个哥哥拿着家里积攒的鸡蛋和干果去集市上卖了，然后把一把零零碎碎的纸钞交到了母亲手上。就这样，他们终于有了置办年货的钱，而且过了一个非常快乐的年。

开春，镇子上的人们都携家带口地去田里忙活春耕了，大儿子不禁念叨道："爸爸不在家，我们那么多地怎么种呀？"她笑了笑，去院子里拿了锄头和铁锹递给三个儿子一人一把："去春耕吧，我们大不了抓紧点儿，也晚不了一两天的，不用怕。"

不难看出，女人已经从孩子们身上学会了遇事应该去解决问题，而不是没完没了地忧虑。

生活就是这样，虽然会状况百出，但绝不会把你逼至穷途末路。

爱人冷落了你，你们的感情急剧恶化，也许会走到离婚的境地，这时候你难免悲伤、忧虑。这情有可原，但请不要把所有的时间都拿来悲伤、忧虑。你应该站出来，去探寻令爱人发生转变的原因，找到了原因，你才能找到解决问题最直接的办法。

工作出了问题，上司教训了你，也许你面临被辞退的危险，这时候的烦躁、低落、忧虑，都能理解，但同样不要把时间全部拿来忧虑。应该静下来，做深入的反省，看看自己是不是在工作态度或者工作方式上出了问题，也许你与上司之间存在着一些误会，逐条清查，哪里错了，就纠正哪里。即便你真的被辞退了，那又如何？有句俗语说得好："人挪活，树挪死。"如果真的这样，你只需要静下心来制作简历，然后去寻找新的工作机会，新工作也许各方面的待遇和福利要好过以前也说不定呢！

亲人或者朋友误解了你，你们之间的关系变得疏远，这令你感觉伤心难过、忧虑重重。你担心他们不再原谅你，不再接纳你，但这些顾虑都是多余的。不如站出来直接沟通，态度坦诚地问问对方自己到底错在那里，有则改之，无则加勉。

总之，在人生的漫长跑道上，"拦路虎"随时都有可能出现，这时候你若只是恐惧、忧虑的话，那么它不但会吓退你，也有可能会"吃"了你，所以，你只能瞅准机会英勇出击。要明白：忧虑是解决不了任何问题的！

第七章

随看、随听、随忘，睿智的女人不“较真”

作为女人，对一些生气烦恼也无济于事的情况，对一些非原则性的不中听的话或看不惯的事，可以装作没听见、没看见，或是随听、随看、随忘，不去“较真”。这是处世的一种态度，亦是女人具有修养和魅力的体现。

不要疑神疑鬼，应以不变应万变

女性一般对周围的人或事甚为敏感，尤其在恋爱中，她们会不断地将自己和他人作比较，总担心自己的价值得不到对方的承认，这样往往会造成心理焦虑，其表现就是多疑、爱发火。

甘露跟丈夫没结婚以前曾在同一家公司上班，后来甘露辞职去了另一家公司，两人之间仍保持着联系。甘露对他颇有好感。甘露的丈夫，是一个很上进的男人，长得英气挺拔，很有“女人缘”。公司里曾有很多女同事向他暗送秋波，但他只喜欢甘露。

后来他们走到了一起，顺理成章地结了婚。他对甘露很关心，甚至比恋爱时更加爱护她。

他们都是从外地来京的，他每月的薪水有5000多元，加上甘露的工资2000元左右。他们房子是买了，不过也是因着七拼八凑，才凑齐首付。

有了房子，也要过日子。接下来他们都加倍地努力工作，以期更快地结束“房奴”的日子。

甘露理解丈夫的早出晚归，生怕他工作过于劳累而把身体累垮。每天下班后，甘露就全身心地投入家务中，为丈夫做好坚实的后盾，免除他的后顾之忧。终于贷款还得差不多了，他们的身心却都渐渐疲惫。这些日子里，他们很少交流，甚至都忘记了彼此的存在。甘露感觉到他们在日益疏远。

那次，丈夫又直到很晚才回来，那时甘露已经睡下。他慢慢地移步到卧室，然后脱了衣服去洗澡。房间里开着灯，昏暗的灯光就像鬼魅，似乎隐藏着某种隐隐的恐惧，令人无法言说。

甘露穿好衣服起身，打开丈夫的公文包，翻看了一些他的工作日记。她又从他上衣口袋里寻到手机，看到一些短信息都是一些黄色笑话，便以为他一定跟某个女人保持暧昧，心里开始五味杂陈，有些灼痛。

就在这时，丈夫从洗手间走了出来，一眼便看见甘露手忙脚乱，慌乱中将他的手机掉在了地上，他便明白甘露在怀疑什么。

他有些生气，从地上捡起手机，说："你是不是不相信我？以后没我的同意不要乱动我的东西！"说完便抱起毛毯向沙发上走去。

丈夫在客厅睡下，而甘露泪流满面。

猜疑本是一般人都会产生的心理，正常的疑虑能使人小心谨慎，防止出现偏差。假如一个人心中毫无疑虑，对人或事物没有丝毫戒备，做事就会莽撞，以至于"吃亏"上当。但凡事都应该有一个度，过分猜疑往往会导致"多疑"这一病态心理。多疑不但会使人心胸狭隘，自我封闭，不易接受别人的意见，时间长了还会引起身体上的疾病。

聪明的女人应该不露声色，以不变应万变。所谓"敌不动，我不动，敌动，我仍不动"。

婚姻生活本就复杂、烦琐，谁对谁错并没有一定的标准。如果太"较真"，只会使婚姻产生裂缝，天长日久，缝隙越来越大，婚姻就走到了尽头，等到无法弥补时，后悔已晚矣。

有人问一位著名作家："你这么聪明，怎么还处理不好婚姻问题?”作家坚定地回答道：“婚姻不需要明白，人处在明白的状态，若没有大智慧，驾驭不了自己，婚姻肯定会失败。婚姻需要大智慧，需要大智若愚，而不仅仅是聪明。”

的确，婚姻不需要太多的聪明和明白，婚姻需要“糊涂”，需要“装糊涂”。中国有句老话说：“水至清则无鱼，人至察则无徒。”在婚姻中，对于夫妻双方也是如此。夫妻双方应力求和睦、默契，相互需要、接纳和欣赏，尊重对方的个性、习惯、兴趣，不要强制对方按自己的意愿去做出什么改变，要学会接受对方的缺点和弱点，容忍对方的不足和错误。作为夫妻，应遵循“求和不求同”的原则。在婚姻中，“难得糊涂”，才能使自己的婚姻长久。

耍小性子要有“度”

女人往往爱“较真”，才会有那么多“气”可生，久而久之，就会因为家庭的压力和重担，而折腾得喘不过气来。

还有一个星期就是张思雨跟老公结婚六周年纪念日，张思雨已经给老公选了一块做工精良的高档腕表。手表是男人的“门面”，当然要选品质好的，而且张思雨希望老公每天看时间的时候都会想起自己。这块手表可是花了张思雨三个月的工资，她想老公收到礼物后一定会很开心。

张思雨满心期待地等待结婚纪念日的到来，她也在想老公会给她送什么礼物。

结婚纪念日那天是周五，张思雨下班比较早，早早回到家的她把三岁的女儿从幼儿园接回来，母女俩好好打扮了一番，就等着老公回来接她们，估计老公早就选定餐馆定好位子了吧。可是一直等到六点半，女儿大声喊饿，老公还是没回来，连个电话也没有。张思雨打电话过去，老公说正在忙，让她们母女俩先吃，不用等他。

张思雨心里非常失望，但转念一想，会不会是老公要给她惊喜呢？张思雨做了蛋羹，先哄女儿吃下，自己仍空着肚子等待。直到八点，张思雨终于忍耐不住了，看来老公根本不会回来跟她一起共进晚餐了，难道他忘了今天是结婚六周年纪念日？

晚上九点半，老公终于回来了，他看到女儿穿着漂亮的公主裙在沙发上看电视，却没看到张思雨。走到卧室，他才发现张思雨穿着真丝裙，侧躺在床上。他喊她，没有回应。走近，他才发现张思雨并没有睡着，她的头发挽着发髻，脸上化着精致的妆。平日几乎不施粉黛的老婆这样刻意打扮，可见是个重要日子。

老公立刻想起今天是他们俩的结婚纪念日，忙说："老婆，对不起。实在太忙了，咱们明天补上好不？"

"明天？明天是什么日子？明天跟我们有什么相关！"张思雨从床上起来，大声喊着。

"你可以早点儿提醒我嘛。"

"纪念日都记不住，你还能记住什么？可见你心里根本没有我，没把我们的婚姻放在心上！我上次过生日你就没给我选礼物，你说说，我和孩子，还有这个家到底在你心里有没有分量。

成天忙也没见你忙出个什么，不还是买不起车，买不起大房子吗……”

张思雨一激动，想起了以前的种种委屈。老公一看，也不耐烦了，“你能不能不上纲上线，有事就说事，扯那么多干吗?”

张思雨一听，更生气了，拿起自己精心为老公选的手表“啪”的一声摔在地上，“你根本不配我的礼物……”

张思雨口不择言地大骂，正在看电视的女儿被吓得大哭起来。

她老公一看，气愤地说：“你觉得我委屈了你，就赶快找个好的去。我不拦你。”说完抱着女儿到了小屋，留张思雨一个人在卧室里痛哭。

张思雨发脾气，只是想让老公意识到自己的委屈，好好哄哄自己，没想到事情弄到最后，老公不但不哄她，反而不肯理她，让她一个人在那里又生气又委屈，不知道怎么“下台”。

夫妻出现争吵是常事，但是，一次次吵架和生气，只能让愤怒情绪指数增高，解决不了任何问题。夫妻两个将生活置于口角风暴中，只会让矛盾越演越烈。

一般来说，女人都有点儿小性子，男人也大都能理解，但是，要把握好“度”。女人请记得，不要过于情绪化，小性子用好了是一种情调，过头了就可能会导致一场大风波，使感情出现裂缝。

切忌卷入无谓的争辩

其实，与人相处，如果你总是想推翻别人的观点，那么即便是你赢了，最后也难免落个“孤家寡人”的下场。

事实证明，无论走到哪里都满口理论，非把对方说服不可的女人，常被认为是乏味无趣的人，会使人敬而远之。

喜欢“抬杠”的人总认为讲道理可以说服对方，他们根本无视对方感情的变化，只是一味地发表自己的意见，又怎么能受到欢迎呢？其实，任何人在内心深处，都张着自尊的网。当一个肆无忌惮地挥动着道理“鞭子”的人希望闯入这张网时，人的内心就会产生强烈的抗拒。

罗惠惠参加一个朋友的婚礼，席间有一位年轻人在介绍新郎与新娘的关系时，用了“青梅竹马”这个成语。他为了显示自己的博学，还念出了这句诗：“郎骑竹马来，绕床弄青梅。”这首诗是没错的，但是他把作者记错了，原本是李白所写，而他却说是宋代女词人李清照。

罗惠惠是中文系毕业，再加上年轻气盛，见此就毫不客气地当着众人的面，纠正那人的错误。可是不说还好，这样一说，那人反倒更加坚持自己的意见了。

于是，两个人争论起来，各不相让。这时候，罗惠惠看到自己的大学老师坐在隔桌，高兴地说：“咱们别争了，不如找个专家给评评理。”

那个年轻人也不甘示弱地说："评理就评理，谁怕谁。"

他俩一致同意让罗惠惠的大学老师评理。罗惠惠满心希望老师对那个年轻人说："你错了，这首诗的作者是李白，不是李清照。"

没想到，老师却对罗惠惠说："你错了，那位先生说的才对。"

罗惠惠为此感到非常没"面子"，她不相信老师这么有学问的人竟也会忘记这首诗。回去的时候，她又去找老师，还未等她说话，老师就说："刚才你说对了，那首诗是李白写的《长干行》"。

罗惠惠一听，有点儿糊涂了，纳闷地问："那刚才您怎么说是李清照呢？"

老师看了看她，温和地说："你说的一切都对，但我们都是客人，何必在那种场合给人难堪？他并未征求你的意见，只是发表自己的看法，对错根本与你无关，你与他争辩有何益处呢？在社会上工作别忘记这点，永远不和人做无谓的争辩。"

是的，永远不要与人进行无意义的争辩，那只会引起别人的反感。

当你意识到自己的想法、意见与人相左时，当你的言行遭人非议时，不要马上就奋起辩驳。这个时候你不妨冷静下来好好想想，如果你最终获得争辩的胜利，它有什么意义？如果没有什么意义，那大可不必动用你的"唇枪舌剑"伤了朋友之间的和气。

同样，你向别人提出"挑战"的时候，一定要选择有价值的、通过争论使自己和他人都能受到启发和教育的问题，不要在那些无关紧要的细节、琐事上做文章。

一般来说，与人争辩都是因为虚荣心、表现欲或"面子"上下不来。如果是这些原因，大可就此打住，因为你这样强辩下去，既满足不了自己的虚荣心，也不会给对方留下好印象。

如果对方的争辩是充满敌意的，那么在这种非理性的氛围中最好不要再火上浇油。同样，如果你是处于这样一种心态，就绝对不要向对方提出论题辩论，因为此时你提不出理性的论点，辩论还没开始，你就已经失败了。

总之，女人切忌卷入毫无益处、毫无意义的恶性争辩，因为即便赢了争辩，也会付出你难以想象的代价。

闺密也要讲客气，不能随便发脾气

女人大都是感性的，比较容易受外界事物的影响。丈夫误解自己了，孩子哭闹了，公交车上被人踩脚了，被身边疾驰而过的汽车溅了一身污水了……生活中各种各样琐碎的小事都能成为女人心情不好的原因。她们与好友倾诉，当好友不站在她的一方时，便可能对着好友乱发脾气。

邢莉和陈春是好朋友。邢莉虽然在陈春面前就像一只麻雀，叽叽喳喳总是说个没完没了，但是在别人面前却有些木讷、不爱说话。

有一次，邢莉本来打算和男朋友一块去逛街，但陈春非拉着她一起去参加一个朋友的生日派对。陈春要买礼物的时候，邢莉没让她买，说自己家正好有朋友送给母亲的一套床罩，非常精致，但是家里还有很多，也用不着，当作生日礼物送给朋友正合适。

于是她们一起拿着礼物到了朋友家里，把床罩送给朋友的时候，陈春说："看我们送你的礼物，还不错吧，哈哈，这可是我精心准备的啊。"

邢莉听陈春这么说，只是笑了笑，但是心里有些不悦。本来是自己把家里的东西拿来，一起送给朋友的，陈春却抢了功。

聚会是在朋友家的客厅举办，客厅不是很大，为了腾出更多的空间，朋友把沙发堵在了墙上。沙发上一共坐了六个人，坐在里面的不方便出来。邢莉坐在沙发的外面，于是，拿一些小东西，或者给里面的人倒杯水就成了她的任务。

让邢莉做这些，坐在里面的人有些不好意思，陈春仗着和邢莉的关系好就替她说："没事，反正邢莉坐在外面，再说，她是个热心的人，你们要什么尽管吩咐她。"邢莉不说话，只是笑笑。

等到大家聊得高兴，便没有人在意这些了，陈春在一边指挥："邢莉，这里没有水了，过来加点儿水。""邢莉，把那本书拿过来，我要看。""邢莉，去换首歌听。"

邢莉本来对陈春一开始的表现就有些不满，如今又像个服务员一样听着陈春的指挥，心里更是堵了一口气，没等派对结束，邢莉就借口肚子不舒服离开了。

许多女人交友处世常常陷入这样的误区：好朋友之间无须客气，不然太见外了。其实，朋友之间再熟悉、再亲密，也不能太过随便。虽然朋友之间可以不用太讲客套，但是客气还是要讲的。不要以为你指使的是最好的朋友，她就不会介意。其实或许她只是表面上给你一个“台阶”，心里却对你产生了不满。

有些女人，为表示与朋友之间的亲密无间，乱用尖刻词语，在别人面前尽情嘲讽朋友。还有一些女人，一聚会就忘乎所以，以能言善辩、哗众取宠为乐，或指手画脚、信口雌黄，或在朋友说话时肆意打断。这也许只是简单的表现欲，并无恶意，但没有人天生喜欢做你的观众，忍受你的言语伤害。在朋友面前大露锋芒，往往会让朋友对你敬而远之。

有些女人和朋友借了东西就迟迟不还，以为朋友的东西可以像自己的一样用。一次两次，朋友碍于情面，不好意思指责，久而久之，必生间隙。

你也许有许多重要的社交活动，而不看重朋友之间的某些约定，参加朋友的活动不在乎时间，姗姗来迟，以为朋友之间就可以松散自由。或者你经常爽快答应朋友的请求，过后又中途变卦，以为朋友之间，小小过失不值一提。偶尔疏忽，可以理解，但若经常如此，朋友即使当面不指责你，心中也许早把你当陌路人了。

俗话说：“在家靠父母，出门靠朋友。”可你若一味让别人付出，面对只剩下义务的友情，朋友只会想着躲避。因此，在朋友面前，虽说不用像和同事、客户一样过于客套、谦让，但是起码的尊重和诚信还是需要的。

打听别人的薪水，只会让自己不痛快

有些女人在职场中，总是忍不住自己的好奇心，喜欢偷偷打听别人的工资。然而，这样做的结果，往往是让自己不痛快。

闫妮和甄晓兰在同一家公司工作，是工作上的搭档。两人关系很好，无论干什么事总是在一起，有什么喜讯都愿意和对方分享。

又到了发工资的时候了，因为上个月她们做的一个预案特别成功，所以老板给她们发了奖金。闫妮打开工资单一看，整整多了500元的奖金，心里特别高兴。旁边的甄晓兰问她发了多少工资的时候，她毫不犹豫地说了出来，虽然公司有规定不让大家互相打听工资。

甄晓兰的脸色一下就阴了下来，因为她的工资单上的奖金只有400元。于是她想："我和闫妮干的是同样的工作，一起设计一起讨论，凭什么我就比她少100元呢？"旁边的闫妮看她脸色不好忙问为什么，她摇摇头，然后自己就走了。闫妮也没有太在意。

甄晓兰找到老板质问凭什么少发给她100元的奖金，老板一愣，虽然很反感，但还是告诉她因为闫妮的工作比她严谨，能力比她强，然后就让她回去了。回到位子上的甄晓兰越想越生气，于是就悄悄地给闫妮"栽赃陷害"。不久公司传开："闫妮在做预案的时候贪污了公司的钱。"事情传到老板的耳朵里，老板把她们俩叫到了自己的办公室。

一进门老板就开口问闫妮："你是不是私自拿公司的钱买东西了？"闫妮一愣，心想："老板是怎么知道的？"原来，上个月和甄晓兰一起做预案的时候，自己有一次没有带钱就从公司的钱里面拿了一点儿，不过事后马上就给补上了。这事只有甄晓兰知道，难道流言是甄晓兰传出来的？

反观此时的甄晓兰，正一脸严肃地看着她。闫妮心里明白了，她承认了自己拿钱的事情。老板查了查记录，确实也把钱补上了，于是批评道："下次如果再发生这样的情况要先和我说，否则以后走人。"闫妮赶紧答应了。

老板转头对甄晓兰说："你为什么陷害闫妮呢？"甄晓兰说："因为我觉得我们的能力一样，她却比我的工资多，我不平衡！"最后，老板开除了甄晓兰，因为公司不能容忍一个好打听别人薪水而嫉妒心又如此之强的人。

发多少薪水是对你自己的劳动价值的肯定。身在职场，每个人的学历和能力都不一样，薪水自然也就不一样。去打听别人的薪水只会让自己不痛快，若是碰到像甄晓兰这样的人，只能是自讨苦吃。

在办公室里，薪水的多少是一个秘密，触碰不得。打听别人的薪水会让别人难堪，而且也给自己的为人下了一个定义。要明白，别人的薪水多少和你没有关系，即便大家的工作一样，也要看平时的表现以及工作时间的长短。所以碰上发薪水的时候，不要去随便打听别人的工资，如果别人打听自己的工资，也要懂得拒绝。

如果不好意思直接拒绝，那也可以委婉一点儿回应。比如："跟你差不多。""够我生活的。""少得不好意思拿出来谈。""多得我怕你会觉得难过。""有些事我连我父母都不透露。"

聪明的女人要明白，从你踏进职场的大门起，就应该遵守职场的规则。面对薪水的问题一定要守口如瓶，不要随便打听，自找烦恼。

第八章

在生活的琐碎中，守住内心的宁静

当生活的琐碎袭来时，人如果能做到不受外界干扰，保持一颗宁静的心，就能留住快乐，找到自己心灵休憩的空间。一个善于保持宁静的女人，能在人世间品味到平淡的美丽。

工作可以枯燥，但你不能浮躁

著名作家罗曼·罗兰说：“一个人慢慢被时代淘汰的最大原因，不是年龄的增长，而是学习热情的下降、工作激情的减退。”

工作是实现成功的途径，但更应该是享受人生的手段。享受工作，也许一些人会对此嗤之以鼻，因为他们只是把工作当作谋生的手段，一种不得已而为之的生存方式。在他们眼里，工作只是负担、压力、疲惫，没有快乐可言。

林肯说：“一些事情人们之所以不去做，只是认为不可能。而许多不可能，只存在于我们的想象之中。”享受工作也是如此，它的不可能只是一种想象，实际上，我们完全可以做到。

小周是传媒专业的本科毕业生，第一天来这家广告公司上班的时候，她穿着一件洗得发白的牛仔裤、一件纯白的棉衬衫，一张不施粉黛的脸，看上去只有十八九岁的样子。她的装扮给上司留下了不太好的印象，因为她连最起码的着装还没学会。

先入为主的成见注定让小周和上司不和谐，但是小周每天像快乐的小鸟一样来上班。上司并没有给她多少事情，她却很少让自己闲下来，把办公室里里外外打扫得干干净净不说，还跑到别的科室去帮着别的同事打水扫地。

上班后，小周就这样处理着一些没有多大意义的琐碎事情。有几次，她实在没什么事情做了，就小心地问上司有什么需要她做的。其实，事情有很多，上司手头需要整理的材料有一大堆，可她不放心交给小周去做。于是上司用一种不信任的语气来回答小周："急什么，总会有你做的事。不过，那些打水扫地的活儿，你也不必去做。公司里有勤杂工，你来这儿不会就为做这些吧。"小周的脸红了，急忙低下头。

之后的一天早晨，小周在上司的办公桌上放了一张纸，上面是一个简单的广告创意，可是，上司拿起来瞄了一眼，就随手把那张纸丢到脚边的垃圾筒里。小周眼里是满满的失望。"是你做的吗?"上司问。"是的，我做得不好，请您多指点。""嗯，下次吧。"

第二天上班时间，一张同样大小的纸又放在了上司的办公桌上，这一次比上次略微好些，但离上司的要求还相差甚远。上司再一次把它丢进了垃圾筒。小周还是什么也没说，转身退出了办公室。

接下来的几天，小周每天上班都把自己设计的广告创意放在上司的桌上，每一次都会比前一次有一点儿小小的改进，但总体水平并没有多大的起色。终于有一天，上司开口了："其实，你也许没有发现，你并不适合做广告这一行。因为你的创意没有一丝新意，干这一行没有创意是很可怕的。"小周的眼泪在眼里转了好久，最终还是掉下来了，"谢谢您的指点，我知道了。但我也想对您说，不管我做得多差，每一次都是我努力的结果，而且，我坚信，每一次我都比前一次做得好。这些虽然被您随意地扔进了垃圾筒，但对于我却是成长的经历，我会珍惜它们。"她从背后拿出那些曾经被上司随便丢进垃圾筒的广告创意。

之后，小周再没有将自己设计的作品放到上司的桌上，在公司里也沉默了许多。更多的时候，她只紧抿着嘴唇专心地做事，干好自己分内的事后，把更多的时间用来看书学习。

有一次，老总派小周的上司去谈一笔很大的广告业务，本来已经成功了，却在签约的前一天出了问题。对方忽然打电话来，说有另外一家广告公司的创意更适合他们，所以只好遗憾地终止合作。上司一听就火了，在电话里很不客气地驳斥对方不守信用。小周一直待在她的旁边，小心地问真的无法挽回了吗？上司用一种从未有过的挫败感说："没用了，人家明天就签约了。""可是还没有到明天，说不定还有转机呢！"小周说。

第二天上班时间，小周没有像往常一样出现在办公室。中午快下班时，老总满面喜色地走进来，身后的小周也满面春风地跟进来。老总大声说："向大家宣布一个好消息，小周为我们公司立下了一个大功。你们可能都没想到，她居然用自己的作品说服了我们的客户，为我们拉了一笔大业务。今天中午，我们要为她庆贺一下，做事情要的就是这种精神！"上司的脸红了。

此后，小周接二连三地拿出好创意，很快吸引了老总的注意，而排斥她的上司最终只得让贤辞职。

小周是工作时不浮躁的典型例子，她没有因为上司的冷落而忘了自己的职责，而是努力上进，学习进修，最终让自己付出得到了回报。

在工作中，一个人不浮躁，才会学有所成、学有所获。

人一定要安安分分地工作，不要因外在环境的变化而打扰到内心的坚定。当然，任何一种工作都不会像你所想的那样完美，总免不了有一些瑕疵。但是，工作可以枯燥，你不能浮躁。你选择了所从事的工作，它就值得你用心去对待，只有通过对工作的投入，你才能从中找到乐趣和享受，自然也就能掌握自己人生命运的纤绳。

花开无声，请“藏好”你的优越感

真正有气质的女人，从不卖弄自己看了几本书，去了哪些地方，有多少珠宝首饰。女人如花，真正美丽的花，开放的时候必然是静悄悄的。

赵女士是一个爱卖弄自己的人。她总是利用一切机会让人们知道她的存在。

一位朋友在为儿子差两分没被清华大学录取而苦恼，一旁的赵女士插嘴道：“真是的，我那儿子也不争气，要升初中了，才考了99分。”旁人不难看出，她到底是自贬还是自夸。

一年秋季，她办完调动手续，满以为会被热情欢送，岂料送行的只有一名例行公事的同事。

不顾别人的感受，只顾卖弄自我，在多数场合是不受欢迎的。人们大都有一种逆反心理，都会自然而然地在心中对他人的卖弄不屑一顾。如果你有优点，最好由别人去发现，而不是自我炫耀。

有了好东西和大家一起分享，把自己拥有的好东西给别人看一看，把自己的得意之事说给别人听听，这本来没有什么大不了的。但是，如果炫耀的心理太炽热，想听好听、奉承和赞美之话的渴望太强烈，人就陷入了“卖弄”的歧途。而这种卖弄有时就像是“毒药”，会让人上瘾，最后失去了原本的意义。

相反，如果你确实有能力，别人都是能看到的，即使你不说出来，别人也会把你的能力“捧出来”，这样既满足了你在别人面前展示的心理，大家也会主动推荐和支持你。

仇珍在刚到工作单位的时候，工作非常努力。她做的每项工作都很出色，并且经常得到上司的口头夸奖。这让许多同事都很嫉妒，大家都比较排斥她。

但是，仇珍依然对大家非常友善，在得到表扬的时候，她会说：“其实都是XX的功劳，在工作中，是XX提出了这样的建议，我只是去执行了，才得到上司的夸奖。”

渐渐地，大家不但不排斥她了，有许多同事还愿意主动去接近她，有些同事在遇到困难时也会去找她帮忙。她帮别人的忙时从来不自居功劳，反而在其他人面前会说“XX多聪明、多能干”“和他一起工作多愉快”，并不提及她帮忙的事情。后来，在年底公司评级的时候，大家都极力推荐仇珍做了部门主管。

如果你希望别人知道你有多优秀，最好不要自己主动告诉别人，从别人的嘴里说出来，才能真正证实你的优秀所在。在社会上，那些才华横溢、锋芒太露的人，虽然易出风头、惹人注目，可是也容易遭人忌恨。

建安二十四年（公元219年），刘备进军定军山，他的大将黄忠杀死了曹操的爱将夏侯渊。曹操亲自率军到汉中来和刘备决战，但战事不利，如果前进就担心刘备军力，如果撤退又怕被人耻笑。一天晚上，护军来请示夜间的口令，曹操正在喝鸡汤，就顺便说了声“鸡肋”，杨修听到以后，便耍起小聪明来，不等上级命令，只管教随从军士收拾行装，准备撤退。夏侯惇知道了慌忙来问，杨修却说：“以今夜号令，便知魏王不日将退兵归也：鸡肋者，食之无肉，弃之有味。今进不能胜，退恐人笑，在此无益，不如早归，来日魏王必班师矣。故先收拾行装，免得临行慌乱。”曹操知道以后，杨修还是这样回答。曹操怒道：“汝怎敢造言乱我军心！”于是喝令刀斧手，将杨修推出斩首，并把其首级悬挂在辕门之外。

杨修其实是死于自作聪明，而又卖弄聪明。

一位哲学家说过这样一句话：“自夸是明智者所避免的，却是愚蠢者所追求的。”真正的明智者不会自吹自擂，因为他明白宇宙广大、学海无涯、技艺无穷，终其一生也不能洞悉其中的全部奥秘。而平庸之辈往往满足于一知半解，满足于点滴成绩，用富丽堂皇的话装饰自己，以讨得廉价的喝彩。

古人说：“木秀于林，风必摧之；堆出于岸，流必湍之；人高于众，众必非之。”面对复杂的人际环境，人一定要学会谦逊，如此方能立于不败之地。

自信的女人，不用“生气”考验爱情

恋爱时，一切都是甜蜜的。不过你会经常看到这样一个现象：男人在约会时迟到了几分钟，女人生气了，头也不回地离开，于是解释、道歉便成了男人此时的“法宝”。在经过一番甜言蜜语似的“赔罪”后，女人原谅了男人，约会得以继续下去。

其实，并不是女人有意为难对方，而是很多女人善于用这样的方法去经营她们的感情。在恋爱这个特殊的背景下，这些特点就充分表现出来了。

恋爱时，男性通常扮演的角色是追求者，他们期待追求成功后的喜悦。所以在追求心目中的“她”时，越是渴望得到对方的爱，越是容易出现紧张不安的心理，于是就会比任何时候都要显得温柔和体贴。此时，男性往往比较懂得理解和包容女性。

而女性在恋爱中则往往选择有意无意地给男朋友设置一些所谓的障碍，比如，约会不能迟到，必须记得她的生日和她喜欢的食物等，甚至希望能在情人节时有惊喜，更多时候干脆就直接耍耍小性子考验他们，其目的就是想知道男朋友是否能迁就自己。

小王和小张是在工作中认识的，两人在同一家公司上班，双方互有好感，但交往以后，在小王眼里，小张的表现与以前简直判若两人。之前，在小王眼中，作为同事的小张是那种做事有条不紊、遇事冷静、标准的知识女性，可是当两人正式开始交往以后，成为女友后的小张却动不动就向他发火，有时仅仅因为一点儿甚至不能称之为理由的理由而发一场“大火”。

比如，一次去吃饭，小王问女友吃什么，女友答随便，于是他按照惯例点了女友爱吃的东西，可一会儿工夫就看到女友的脸色“晴转多云”，终于“火山爆发”了，他只好不停地赔不是，虽然他不知自己到底哪里做错了。最绝的是女友最后将这件事上升到了理论高度：“老吃一种东西腻不腻啊！”得出的结论居然是小王根本不关心自己的真实想法，说明小王根本不爱自己。小王叫苦不迭："这都是哪儿跟哪儿啊，从何说起呢！"

两性心理专家认为，在恋爱的过程中，女性需要更多的安全感，所以希望男性能做到她们要求的那般完美。当对方做不到的时候，女性往往选择生气来表达自己的不满。但要明白：约会迟到，不代表他忽略你，可能真的是因为公司临时开会耽误了一些时间，或是路上遇到交通堵塞，导致他没有办法准时出现在约会地点；生日时没有给你想要的鲜花或是礼物，也不代表他心里没有你，也许他有更好的安排……

一个真正有自信的女人，大可不必通过这些"障碍"来考验男人对你的真心，更不要动不动就生气。一次又一次的考验，只会破坏你们之间的信任，因为在考验中会出现争吵、冷战、误解、猜疑，这样下去，再好的感情也会"毁"在自己的手上。

所以，专家提醒：无论是正处于热恋中的男女朋友，还是即将进入恋爱的男人、女人，在面对感情的时候千万不要意气用事，不要因为一点点小事就以耍脾气、搞"冷战"的方式来测试你们之间的感情牢固程度。感情是建立在信任基础上的，生气看似是宣泄你对对方的不满，可背后会隐藏着你的不信任感和对感情的不确定性，一旦出现的次数过多，你们的感情也会随之亮起"红灯"，到时候换来的可能就是一句"我们分手吧"。

聪明的女人，不用“生气”解决婆媳矛盾

婆媳关系被很多人认为是婚姻中最难处的关系。婆媳关系处理不好，不但影响自己的情绪，甚至会危及婚姻。

周倩跟老公结婚三年，因工作忙碌一直未考虑要孩子。婆婆找各种理由催促，看他们不将自己的话放在心上，干脆亲自跑来“督阵”。

周倩是公关公司的经理，老公是大学老师，平日周倩工作繁忙，都是工作相对轻松的老公更多地承担家务。很多人羡慕周倩找了个体贴的好老公，周倩也颇为得意，有时周末，还会让老公把早饭直接端到卧室，吃完饭继续补个美容觉。婆婆来之前，这样的生活对他们来说再正常不过，可是婆婆一过来，这种生活简直成了“大逆不道”。婆婆见不得媳妇整天加班晚归，更受不了儿子整天洗衣做饭，甚至还要把饭端到老婆面前。

周倩还在被窝里睡觉，就听到婆婆在训斥老公，甚至说着说着就哭了起来：“你这个没用的东西，怎么就是这么个软骨头，居然还要给你媳妇把饭端过去。她是没手还是没脚啊。”婆婆的话说得这样难听，让周倩下不了台，她立刻跟婆婆争辩起来：“我每天加班那么晚，不也是为了这个家。他上班清闲，有时间就多分担点儿家务怎么了？要不他出去多挣钱，我在家伺候着。”

两个女人吵得不可开交，都哭了起来。

但婆婆并没有就此放弃，她整日唠叨着让周倩早点儿起来做饭，多做家事。晚上做饭的时候她只做儿子爱吃的，从不问周倩想吃什么。

周倩嫌婆婆偏心，干脆赌气不在家吃饭。她想："怎么她儿子做什么都行，我就不能提要求？婆婆看不得她儿子受苦，却总是让我受苦。这也太偏心了！"

婆婆看到媳妇与自己的儿子结婚，走进自己的家，往往会本能地形成一种预期心理，那就是媳妇应该像女儿、儿子那样对待自己。可是媳妇往往因为缺乏先天的"血浓于水"的亲子关系基础，无法做到这一点。

媳妇婚后改口称婆婆为"妈妈"之后，也会本能地将婆婆的行为与自己的亲生母亲相比，形成婆婆就应该像亲生母亲那样对待自己的预期心理。

当双方混淆了婆媳关系与母女关系的时候，就会因为对方无法满足自己的预期而渐生不满。

同时，还有一个牵扯婆婆和媳妇之间关系的重要人物，那就是作为儿子和作为老公的那个男人。婆婆对儿子的爱，与媳妇对老公的爱，是完全不同的两种爱，但是婆婆和媳妇都难免以自己爱这个男人的方式去衡量对方爱这个男人的方式。

其实，婆婆和媳妇都没有错，哪有什么原则性的问题呢？只是双方行为方式的不一样而已。

陈梅的婆婆曾经强烈地反对过陈梅和儿子李正的婚事，她瞧不起陈梅出生农村，瞧不起陈梅务农的父母。结婚有了孩子后，她又对陈梅没能给她生个孙子耿耿于怀。生活在一起后，她还看不惯陈梅不喜欢收拾屋子，常常指使老公做家务。

但是婆婆从不在外人面前把这种不满表现出来。只要李正不在家，只要别人不在场，她对陈梅完全就是另一种态度。她看电视、打牌、逛街，对又要带孩子又要做家务的陈梅置之不理。有时陈梅忍不住喊她帮帮忙，她还说陈梅娇气。更绝的是她时间观念特别“强”，基本把自己的劳动时间都定在李正要下班的时候。李正一进门，看到的准是她又洗尿布，又拖地板，又做饭菜，累得满头大汗的样子。李正觉得陈梅在偷懒，要陈梅帮婆婆。这时婆婆却“通情达理”地说：“你看你的电视去，我一个人就够了，家务事累不死人的。”这让陈梅哭笑不得。

婆婆这种做法不仅让陈梅在邻居心目中留下了不好的印象，更严重地影响了陈梅和李正的夫妻感情。

一次，陈梅给孩子洗澡，脱了衣服才发觉水凉了点儿，要婆婆帮忙舀一点儿热水来。婆婆极不情愿地倒了一瓢水过来，从老高的地方往盆子里一淋，溅得地上到处都是，把孩子都吓哭了。陈梅说了几句，没想到婆婆把门一撞，就跑出去了。

一会儿，退休在家的老教师杨爷爷按响了陈梅家的门铃，告诉陈梅，婆婆坐在小区的石凳上哭得很厉害，问她什么也不说。

陈梅气急败坏地抱着孩子去找婆婆，几个老人正围着她劝，看到陈梅来了，一位老婆婆马上教训起陈梅来，说小辈要对老人好一点儿，以后自己的孩子才能对自己好。陈梅知道婆婆是在故意制造众怒，掉头走了。

李正进门时，陈梅正在哄孩子睡觉。他一把将陈梅拖起来，质问陈梅：“妈呢？”陈梅知道，邻居们在他跟前已经做过详细描述了，再复述毫无意义，便说：“不会丢的，很多人保护着呢。”陈梅的话音没落，脸上已经挨了丈夫重重一巴掌。

陈梅想到了跟李正离婚。但是，孩子才七个月，能让她从小就生活在一个残缺的家庭里吗？不行！就算要离婚，自己也不能背上一个恶媳妇的名声。

陈梅决定对婆婆的做法予以还击。

机会终于来了。李正因为赶一份策划，通宵达旦工作了四天。老总放他三天假，让他在家好好休息。陈梅故意没有告诉婆婆，而是对丈夫说："李正，这三天你不跟妈说你在家，你观察她的一举一动，就知道我有多冤枉。"

第二天下午，李正在书房里上网，婆婆坐在客厅里看电视。陈梅带着孩子在卧室里午睡，突然孩子拉大便了，陈梅的衣服全弄脏了，稍一动就会擦到被子上。陈梅连忙喊婆婆："妈，你帮我一下，宝宝拉大便了。"婆婆不理陈梅。陈梅提高嗓门又喊了两声，她还是装没听见。陈梅只好抓起一条枕巾裹住孩子的屁股就往浴室跑。

李正看不过去了，走出来站在客厅门口问："妈，梅子叫你，你怎么不吭声啊！"

婆婆赶紧说："哦，看电视看迷糊了，没听到！叫我干吗？"

李正不悦地说："我在书房都听到了。"

婆婆连忙解释："我是老人，老人的耳朵怎么有你们年轻人好使。"

第三天上午，婆婆以为李正上班走了，开始就前一天的事向陈梅发难："你不就是想让我儿子站到你一边，你们好一起对付我吗？我告诉你，休想！"

陈梅没有理会，她知道李正在书房，他能清楚地听到婆婆说的话。

婆婆怒气冲冲地出去，晚上才回来。她拉着一张脸提着一袋子菜进门，看到李正在，马上又转了笑："今天怎么回来得这么早啊！"李正说："今天我没上班，在家休息。"婆婆顿时很尴尬，进厨房的时候回过头来狠狠地瞪了陈梅一眼。

"妈她为什么要这样呢？"晚上睡觉时，李正皱着眉说。陈梅知道丈夫开始对婆婆的举动不满意了，但是她并没有得理不饶人。

趁着和婆婆一起喂孩子牛奶时，陈梅跟婆婆说："妈，你认识院子里的林荫两口子吗？听说离婚了，是婆媳关系不和。"

婆婆吃惊地看着陈梅："平时没听她婆婆说她什么啊，两人好像关系挺不错的。"陈梅说："不能看表象，有的人不愿意家丑外扬，喜欢什么事都闷在心里头。"

看婆婆若有所思的样子，陈梅装着开玩笑地问："妈，是不是每个当婆婆的都不愿意自己的儿子跟媳妇关系太好？林荫跟我说，她婆婆就是老吃她的醋，觉得儿子娶了媳妇后心里只有媳妇，没有她这个妈了，所以处处生是非，搞得小两口不和。您跟我说句实话，您有时候是不是也希望我和李正离婚啊？"

"你这是什么话啊？哪个当父母的不希望自己的孩子夫妻和睦，过得好啊？"婆婆急了。

"可是，他在的时候，您对我很好，他不在的时候您就跟我作对，还常常让他误会我，让别人误会我，我有口难辩，里外不是人。夫妻感情是很脆弱的，一旦破裂了，就再难修复了。"

"我破坏了你们的夫妻感情？"婆婆气得满脸通红，"你们结婚后，他的心就全在你那儿了。他每天进门第一件事是找孩子，然后是问你，眼里哪里有我这个妈的存在？你嫁到我家什么都没要你操心过，你怀孩子时我是寸步不离地侍候着你，可你念过我的好吗？孩子满月时你妈妈来了，你对她那么孝敬。她不就给孩子做了几双虎头鞋，织了几件小毛衣吗？你就感激成那样，给她买衣服，买营养品，那我为你做的呢？”

陈梅委屈地说：“妈，您平时不是对我给您买的东西都不满意吗？我就只好给您钱让您自己去挑选了。”

“不说你们不会自己去想吗？根本就是懒得花心思！”婆婆还是愤愤不平，但是语气里少了火药味。

陈梅有点儿明白了。

接下来，陈梅从李正那里得知婆婆最喜欢吃鱼，就买了一本烹调书，天天跟婆婆研究鱼的做法。在相互协作的过程中，陈梅和婆婆增进了感情。婆婆的生日陈梅不再只给她200块钱让她自己去买礼物，而是带她到商场帮她挑。从外面带了什么好吃的回去，陈梅也首先喊婆婆来尝，听到哪里的衣服鞋子打折第一个就向她汇报。出门时不忘说一声：“妈，我出去一下，很快回来。”进门时亲昵地招呼一句：“妈，我回来了！”

做到这些其实很简单，可是收获却不小。婆婆感觉自己受到了重视，不再把陈梅视为“侵入者”了。她们的关系越来越融洽。婆婆很少出门打牌了，常常跟陈梅一起做家务、带孩子，还常常跟陈梅讲年轻时和公公的浪漫往事。李正进门的时候，不是看到她们在探讨育儿经，就是照着食谱制作凉菜、乳豆腐、剁辣椒，或者拿着某个超市塞进门缝的广告研究采购方案……

很多女人以为步入婚姻的殿堂，就能“拴住”老公，就有了家庭的保障。殊不知，真真正正地进入婚姻的实体，才是真正生活的开始。因为婚姻的实体不单单包括老公一人，还有老公的家人，你们要在一个屋檐下共度漫长的岁月，如果处理不当，冲突就在所难免。

聪明的女人，不会让老公生活在“夹缝”中，而是会巧妙地解决婆媳矛盾，和婆婆和谐相处。婆婆是丈夫的母亲，是丈夫敬重的人，相处的时候，只要不伤及原则，何必争个谁是谁非？这样，既遂了婆婆的意，又不让丈夫为难，何乐而不为呢？

聪明的妈妈，不用“生气”制服孩子

有孩子的家庭，大多都经历过这样的事情：没用多久的骨瓷餐具，被孩子摔碎了一半；卫生间的卷筒纸成了孩子身上的“飘带”，满屋子里的纸屑；茶几上摆的东西，全被孩子当成玩具蹂躏得不成样子……很多妈妈因此大发雷霆。

妈妈们请冷静下来想一想，生气有用吗？孩子之所以会犯错，大多是因为年龄小不懂事，可“生活的经验”谁不是在一次次教训里学到的呢？

一个妈妈和女儿在吃饭。那小女孩看上去五六岁的样子，她对盛果汁的半圆杯子产生了浓厚的兴趣，不停地看过去、摸过来，直到“嘭”的一声，果汁连杯子一起摔碎在地上，她的胳膊上也洒上了不少果汁！

“你这个孩子怎么回事？你就是手痒！跟你说没说过啊？吃饭的时候不要玩，你就是不听！告诉你啊，你再这样，我以后再也不带你出来吃饭了！还不快跟我去洗手！”妈妈大声地斥责小女孩。

由于妈妈起身的时候太急，没有注意到餐巾还搭在她腿上，她刚一转身，那块餐巾就扯着盘子、刀叉、杯子、水瓶，“咣当”一声全摔在了地上！

声音之大，引来了所有人的张望。妈妈难堪极了，她怒视着女儿：“都怪你！这下你高兴了吧！盘子都摔碎了，还吃什么吃！”小女孩“哇”地大哭起来！

一顿本来开心的就餐就这样在孩子哭哭啼啼、妈妈怒气冲冲中变了味道。其实当孩子把玻璃杯打碎的时候，她自己也被吓到了——如果她知道她玩杯子的后果是连果汁也喝不成了，那她一定不会那么做的。可惜，这个孩子才五六岁，还没有足够的“生活经验”来指导自己的动作。

作为妈妈，这个时候如果用轻柔的声音说：“没关系，再要一杯果汁就好了，玻璃杯子是很脆的，很容易碎，最好不要拿来玩，知道了吗？”结果会怎样？孩子在心里会感激妈妈没有骂她，也会更珍惜下一个玻璃杯子，而妈妈自己也不会生那么大的气，当然也就不会有接下来的后果了。

涵涵今天放学之后和同学去河边玩，直到天黑了，几个孩子才回家。在门口等了三个钟头的妈妈，远远看见涵涵，立马扑上去，厉声呵斥：“你还知道回来呀？你今天别进门了！反正你有家也不回！”

涵涵妈妈看到儿子回来，心里首先是庆幸的，但是之前的担心和焦急，让她心里淤积了很多的“气”，所以才会在那一刻以

“生气”的形式爆发出来！而孩子听见妈妈这样批评自己，也一定很难理解妈妈骂自己是因为关爱自己。

如果涵涵妈妈换一种表达方式：“涵涵你这么晚回家是不对的，妈妈爱你，所以非常非常担心你，在这里站了三个钟头等你，就怕你出了什么意外，看见你安全回来，妈妈总算放心了。但是妈妈希望你以后不要再这样做了，你明白吗？”

如果妈妈没有让担心和爱转化成“生气”，而是对孩子客观地描述自己的心理感受，孩子从妈妈的话里至少能体会到两层意思：“第一，我晚回来是不对的，妈妈很为我担心；第二，我妈妈真的很爱我，否则不会站在门口等我三个小时。”

同样一件事情，妈妈采用正确的表达方式，不仅能减少自己和孩子生气的概率，而且能让孩子心服口服地认识到自己的错误。

即使真的生气了，也要控制好情绪不爆发出来。当然，如果没能控制住脾气，就应实事求是地告诉孩子自己生气了，还要告诉孩子，自己生气并不等于不爱孩子。聪明的妈妈，应该给孩子以向善的指路灯，而不是以“生气”制服孩子。

远亲不如近邻，需要互相体谅

每一个人都不可能脱离社会的大家庭而孤立生存。一个人的实力再强，在风云变幻的世界面前也会显得微不足道。人生百年，朋友相逢是缘，邻里相处同样是一种缘分。只要邻里之间彼此真诚相处，坦诚相待，那么还会有什么大不了的矛盾不能和平解决呢？

陈露跟老公最初选上这个小区，是因为这个小区环境好，而且小区里面有幼儿园，对面就是小学，孩子上学很方便。两个人咬着牙在这个高档社区买了房子，一心想给孩子一个好的生活环境和成长环境。

搬进来后，陈露一家和大多数都市人一样，回到家就关上家门，跟邻居在电梯里碰到的时候只是打个招呼，彼此再无往来，连对方姓什么都不知道。

这天晚上，老公加班，陈露要洗衣服，就让儿子在家看动画片。看到高兴处，儿子跳到地板上挥拳踢脚。

不一会儿，有人来敲门，陈露赶忙从猫眼往外看，见是一张陌生的脸。陈露不敢轻易开门。对方见不开门就在门外喊："我是你楼下的，你们能不能动静小点儿，吵得我们都没法看电视了。"

陈露打开门，跟对方说了对不起，当着邻居的面训斥了儿子，邻居才愤愤地走了。

陈露想起，前段时间楼下装修，她家应该是刚搬过来的。"一看就是家里没孩子，有孩子怎么可能不发出点儿声音。"陈露也有点儿赌气，对楼下的邻居没什么好印象。

没过几天，邻居又来敲门，当时儿子正跟另一个小朋友在家玩。陈露一再让孩子声音小点儿，别在屋里跑，可是小孩子玩得兴起，没一会儿又忘了。

邻居上来就喊："你们是要拆房啊？这么大动静！"

两个孩子一看邻居那么凶，吓得都躲到小屋里了。

陈露跟对方解释："孩子还小，不懂事。"

邻居反问："小孩不懂事，大人不会管？我一天才在家里多长时间，就不能让人安静一会儿？"

陈露见对方不依不饶，也生气了："我们也是晚上才回来。谁还没事专门找你在家的时候闹啊！"

"你看看你什么素质，不知道把孩子管好，还这么横！"邻居说着转身下楼。

陈露很生气，她想，小孩子调皮都是难免的，谁没事故意制造噪声？互相体谅一下就好了嘛。自己平时管教儿子挺严的，没想到还是让楼下的邻居如此不满，一趟趟地上来找自己理论……

自此，陈露即便跟楼下的邻居偶尔在电梯里碰到，也是把脸扭到一边，不肯正眼看对方一眼。而且她不停地向老公抱怨这个小区的人素质多差，以至于自己后来看谁都不顺眼。别人看到她整天一副怒气冲冲的样子，也都不愿意理她。

一个周末，陈露家的米用完了，油也快没了，可是老公出差了，她只能带着儿子去超市买。平时都是老公开车，她的水平在路上还勉强，可是回来的时候正赶上停车高峰，停车位旁边的车都停满了，她要小心地不擦上别人家的车，还要把车倒进停车位，真是太难了，折腾了几次车都偏了，挡了别人家的车道。

陈露正烦闷，楼下的邻居轻松停完车后走了过来，"停不进去了？我帮你。"

陈露尴尬地冲邻居笑笑，下了车，邻居轻松帮她把车停好。邻居看她从后备厢里拿出米、油和一大包水果蔬菜，便问："这么多，你怎么拿?”说着就直接伸出手帮她提起米和油，“我给你送上去吧!”

在电梯里短短的时间里，陈露了解到：邻居有点儿神经衰弱，很怕吵。

“难怪呢，听到吵声她那么大火。”陈露不好意思起来，心想，“其实邻居这人挺好的，性子直，有什么说什么。也热心，还不记仇。”

这件事后，陈露对邻居的印象大为改观，想想人家上来提醒的时候，是自己太情绪化，以至于搞得两家人关系紧张，倒是人家不计前嫌，比自己大方多了。有时候，太过小心眼，把自己的心房封闭了，就把所有的人都挡在门外了。

此后，陈露就特别交代儿子不要在家里蹦跳，楼下的阿姨身体不好，怕吵。儿子也听话。自此两家人彼此见到都会笑呵呵地打个招呼，有时邻居见到儿子，还会把他抱得高高的。

“远亲不如近邻”，是中国传统文化对邻里关系的期待性认知。受居住空间的影响，相居一处的邻里是“抬头不见低头见”的接触最频繁的群体。如果邻里关系友好和睦，其“人居场”就宽松适宜、心情舒畅，反之，就会感到很别扭，难以融入“人居场”之中。

能够在茫茫人海中比邻而居，不论时间长短，都可说是一种缘分。如果想让缘分能够继续，双方就应该互相关心、帮助和尊重。在平常的生活中，无论是楼道里的一声问候，还是见面时的会意一笑，都是呵护邻里缘分的一次良机。邻里缘分犹如一把锁，打开不难，锁上也容易，但钥匙就在自己手中，关键在于你愿不愿意去使用。

“让一让，六尺巷。”邻里之间要以和为贵，切不可“得理不饶人，无理搅三分”。对别人的过错能够宽容、谅解是一种美德！人们的家庭环境、性格脾气、社会阅历、文化素养存在着不同的差异，所以对邻里显露的缺点或不当之处应加以宽容和谦让，这样才能使邻里关系长久和睦。

第九章

清醒淡定面对诱惑，至高的美丽是智慧

智慧是美丽不可或缺的养分。一个女人拥有智慧，她才是真的美丽。

保持魅力的同时，增强自己的能力

在很多人的眼里，“天使面孔，魔鬼身材”，即女性魅力，在职场、商场中都是颇具“杀伤力”的。可事实证明，成功的女人，并不是单纯依靠女性魅力获得成功的，她们有着同男人一样出色的能力。

年轻人帕雷丝无论到哪里都能受到重用，她换了好几份工作，每一份几乎都做到了顶层，在行业里出类拔萃。每次，她要辞职的时候，老板总会极力挽留她。

“你怎么这么出色呢?”有朋友问帕雷丝。

帕雷丝回答：“很多人成功靠的是勤奋，有的人靠的是运气，还有的人靠的是聪明，我认为最可靠的就是能力。只有你有能力，你才能得到你想要的一切。”

“可是……”朋友有点儿疑惑。

“你是说我的魅力吗?”帕雷丝问道。

“是的，我觉得因为你有魅力，所以更容易得到别人的认可和青睐。”

“不可否认，这是一方面。但是，这绝不是全部。如果公司只看一个人的魅力，可以找个模特。公司是用来赚钱的，你认为他们仅仅需要一个花瓶吗?”

魅力固然重要，但一定要与能力结合起来，否则，魅力便没有任何意义。

一提到女性魅力，人们会非常自然地联想到美丽的脸蛋、优雅的风度；一提到能力，呈现在脑海里的则是正确的决策、干练的行事。好像魅力与能力是两件不相关的事。其实不然，女性的魅力并不影响其能力的发挥。

女人的魅力与能力，并非水火不容。相反，它们是相伴而生的。女人因为有能力，才更有魅力。一个女人在具有女性魅力的同时，又具有职业能力，才称得上是一个真正美丽的女人，才可能赢得掌声、鲜花和机会。

毕颜从小生活在一个大家庭中，她是家中最小的孩子，有四个哥哥，在家里非常受宠爱。这种环境使她从小就美丽、娇弱，但缺乏能力。她大学毕业后嫁给了一个开公司的人，但婚后她的状态并没有改变。

直到有一天，丈夫的公司出了意外，富足的家庭变得一贫如洗。那一天，毕颜在电梯里听见邻居们议论，说她的丈夫破产了，她也没什么能力。此时，她才幡然醒悟，自己的确缺少生活、赚钱的能力。多年来，自己赚着微薄的工资，却享受着优裕的物质生活。而这一切改变了，自己一定要培养起能力来，为家庭做出贡献。

思考良久，毕颜对自己的父母和丈夫说："我准备开一家饭店，因为你们总是说我的烹调手艺非常好，我想尝试一下。"

毕颜的父母和丈夫都告诉她说："这是一个荒唐的主意。你肯定要失败的，这事情太难了！快别胡思乱想了！你那手艺是不错，但饭店可不仅仅是做你会做的菜。"但这一次，毕颜没有听从他们的劝阻，而是毅然地采取了实际行动。她先是去厨师班培训学习，又去选址、装修。刚开始她觉得有些艰难，但她坚持了下来。

终于，毕颜的饭店开业了。生意刚开始的时候的确很艰难，饭店开张的那一天，顾客寥寥无几。毕颜几乎被残酷的现实击垮了。看起来自己似乎必败无疑，她几乎相信了父母和丈夫的看法是对的。

不过，毕颜最终没有退缩。她决定坚持下去，并一反平时羞涩的窘态，做出很多举动，比如，主动与客人打招呼，将印好的宣传单分发出去，等等，结果她的生意越来越好。这样的生活比以前累多了，但毕颜却感觉到无比快乐，因为，她终于认识到了自己的能力和价值。

国外一家调研公司的调查结果显示：职业女性在公司的管理层中的比例已经占到了42%；而在商场上，成功女性的比例也呈增长的趋势。可见，女性依靠自己的魅力和能力，在职场和商场中已经占据了半壁江山。越来越多的女性在保持魅力的同时，增强自己的能力，发挥自己的社会价值。

所以，女性朋友们，在保持自身魅力的同时，千万不要忘了增强自身的能力。

智慧的女人善于抓住机遇

在漫漫的人生旅途中，每个人都会遇到很多机遇，关键是你能否抓得住。机遇是属于每一个人的，但是，你若不能及时地抓住它，它就会转瞬即逝。所以，抓住机遇是一种能力，它会帮助你在苦苦跋涉中得到一次飞跃，让你看到成功的希望。

经常有人抱怨自己生不逢时，一生没有好的机遇，其实，机遇就潜藏在每个人的身边。

一艘远洋船航行在汪洋大海中，船上的淡水已渐渐饮尽，船长万分焦急，如果没有淡水，所有的船员面对的就是死亡。他们终于遇见一艘商船，兴奋地打出旗语向商船要水。对方的旗语却明明白白地告诉他们，淡水就在他们脚下。船员从海里取了一点儿水，一尝，果然是淡水。

当机遇来临时，抓住的人，会改变自己的一生，使自己有所建树，实现自己一生的抱负。相反，有的人却全然不知，错失良机，抱憾终生。

那么，如何才能适时地抓住机遇呢？在人的一生中，不能把注意力过多地集中在“机遇”上，而应放在提高把握客观规律的能力上。不能认为机遇会找上门来，所以自己就守株待兔。相反，应该多学习，改善自身的知识结构，创造机会。这样机遇的到来才会水到渠成，这样可供选择的机会就会增多，对事情发展的预测就更能符合客观实际，抓住机遇的可能性就会大大提高。这样，即使你在被动情况下，也可能变被动为主动。你只有时刻准备抓住机遇，机遇才会垂青于你。

从前，有个猎人外出打猎，人们劝他装上子弹，他却大为恼火："打猎的地方还远着呢，装一百发子弹也来得及！"走着走着，他看见一大群野鸭密密地浮在水面上。此时放枪，准能收获不小。可惜，就在他匆匆忙忙装子弹时，野鸭有了警觉，早已飞得无影无踪了。

猎人失去猎物，只因他把"机遇"放在了"口袋"里。人只能去等待机遇，而机遇却是从来不等人的。

在等待的过程中，你需要不断地加强学习，努力提高自身素质，才会抓住和创造机遇。所谓"工欲善其事，必先利其器"，说的就是这个道理。说到底，人要想抓住机遇，必须要有真才实学。

机遇很重要，因为它能改变人眼下的处境，甚至改变人一生的命运。对机遇，可谓人人皆盼之、求之……有种观点说"机遇可遇而不可求"。其实，机遇的出现，虽然带有一定的偶然性，但又以必然性为基础。如果你有足够的勇气、睿智的脑袋、敏锐的观察力和判断力，机遇就可以被创造出来并紧紧抓住。善于等待机遇、抓住机遇是一种智慧，善于创造机遇更是一种智慧。

有一位农妇，某一天听到有人说，河对岸的山上有金矿，各地的商贾纷纷前往河对岸"淘金"。于是她便在河上架起一座桥，收起了过路费，从而大发其财。

后来农妇家乡的梨大获丰收，每年都有大批的梨运往各地。当村人都争着栽梨树时，农妇却购进了许多梨树苗，然后沿街销售，一时间，种梨树的人纷纷购买，农妇很快便获得了一大笔财富。

再后来，一个外商知道了这件事情，大受震动，便前来拜访。当外商找到农妇时，她正在自己店门口与对门的店主吵架，因为她店里的一套西装标价500元，而同样的西装对门只标价450元。一个月下来，她仅卖出了8套西装，而对门却卖出100多套。

外商看到这一情景非常失望，以为被骗了。但当外商弄清真相后，立刻决定以巨额年薪聘请农妇，因为原来对门的那家店也是这位农妇的。

拥有独到眼光的女人知道适时地给自己寻找新的资源，寻找更高的起点，从而一步步走向成功。如果细心地观察，你就能够把握身边的资源，从而抓住新的机遇。

坚持读书，见多才能识广

一个女人要想赢得别人的赏识，就必须有内涵、有智慧。女人长得漂亮只能在刚刚相识的时候吸引到男人，但是能否得到男人的心则要靠内涵，而要留住男人的心则要靠智慧。

一个女人如果没有内涵，只有一个空壳，那她就很难由内而外地散发出迷人的气质。

林徽因在民国初期就被誉为“中国第一才女”，出身于书香门第的她不仅是诗人、作家，还拥有教授、建筑学家等光辉的头衔，她是集多种才气于一身、吸收了东西方文化之精华的一位新女性。

“你是一树一树的花开，是燕在梁间呢喃——你是爱，是暖，是希望，你是人间的四月天！”林徽因创作的诗句，让多少人低回吟咏，它是这位奇女子才情的缩影。林徽因能够拥有如此成就，不是与生俱来的才能，这与她博览群书有很大的关系。

出生于浙江杭州的林徽因，父亲林长民是清末民国初期政坛上的风云人物，其大姑母伴她走过了启蒙教育时代。林徽因异母弟林暄回忆道：“林徽因生长在这个书香家庭，受到严格的教育。大姑母为人忠厚和蔼，对我们姊兄弟亲胜生母。”这位大姑母为林徽因后来的成就打下了最初的基石。

由于父亲时常在外，林徽因六岁的时候就开始为祖父代笔给父亲写家信了。祖父去世后，父亲常在北京忙于政事，全家人住在天津，时年12岁的林徽因几乎成了家里的主心骨，早早地承担起了家庭的责任。定居北京以后，林徽因进入教会办的贵族学校——培华女子中学读书，这所教风严谨的学校使林徽因受到了良好的教育。

曾几何时，我们远离了书香，或忙于工作，或忙于家庭琐事，读书似乎已经成为一件“奢侈”的事情。其实，我们应该学会给自己一点点时间，让自己徜徉在书的世界里，从字里行间汲取营养，为自己的人生增添一份内在的韵味。

一本好书，就像一座灯塔，会在茫茫黑夜中给我们指明奋斗的方向。莎士比亚说过：“生活里没有书籍，就好像生命没有阳光；智慧里没有书籍，就好像鸟儿没有翅膀。”由此可见，书籍在我们的生活中多么重要。读书可以让女人更优雅，好书可以滋养人的心灵，让人不断完善自己。

作家毕淑敏在《读书使人优美》中这样写道：“读书是最简单的美容之法，读书是在聆听高贵的灵魂自言自语。想要美好的女人，就去读书吧！不需要花费太多的钱，只是需要花费很长的时间。可若能够持之以恒，优美就会像五月的花环，在某一天飘然而至，簇拥女人的颈间。”

不管是终日忙于工作，还是照顾家庭，这些都不该成为剥夺一个女人个人时光的理由。女人要想在岁月的冲刷中保持最初的光华，就要不时地充实思想。看书也好，看电视也好，与人面对面沟通也好，都是很好的学习方法，这些学习不一定是为了工作，也不一定是为了解决生活中的难题，因为学习不仅仅是为了长知识、长见识，更重要的是丰富自己的内心，明白做人做事的道理，跟上社会前进的步伐，更新自己的知识库，同时让自己说话更有分寸、更有条理，显得更有修养。所以，对文学、历史、哲学、音乐、科学、自然、时事、政治、经济等方面的东西，都应知道一些常识，有最起码的了解，这样在与别人交流沟通的时候，才能自然流畅。

学习要讲究方法。如果你是“百灵鸟型”的女人，早起早睡，早上起来学习最好，因为这时精神状态最好，环境安静，容易学得进去。如果你是“夜猫子型”的女人，晚睡晚起，不妨把学习的时间放在晚上，即吃完晚饭休息一段时间之后，拿出时间去学习。只要你每天坚持学习一个小时，久而久之就会养成一种习惯，而不会觉得累。在出差路上你可以随身带着一本书，这样可以充分利用旅途的时间阅读，既丰富了旅途生活，也给自己“充了电”。遇到书上感兴趣的话题可以重点阅读，做上记号，之后尽快整理出来，久而久之，就很容易把别人的知识转化为自己的理解。

读书学习千万不能像读小说那样，从头看到尾，看完了就过去了，甚至全忘了，那是娱乐，不是学习。真正的学习是为了搞明白某些道理，是带有明确的目的性，最好是带着问题去学，或者去寻找某一个具体的答案，这样才有针对性，才会有成就感，才会事半功倍。要想读书有效果，就要养成思考、反思、总结、归纳的习惯，书不仅要读，还要在书上画画写写，把自己的心得写出来，可以质疑作者的观点，可以反思自己的观点，可以激发自己的想象，总之读书一定要“读活书”，不能“死读书”“读死书”。当然，你如果愿意，可以给自己提出更高的要求，比如看了某一本好书，就写一份读书心得，把自己看懂了什么、明白了什么、领悟出了什么统统写下来，这样就把书真正读懂了、读透了、读“薄”了，看书的目的才能达到。

聪明的女人一定要明白这样一个道理：见多才能识广。千万别成为井底之蛙！要经常走出去，多看看外面的世界，多交流，多学习，用欣赏的眼光看待这个世界，不要整天“宅”在家里，离社会越来越远。人毕竟是群居动物，需要与人相处，需要了解社会，唯有读万卷书，行万里路，才能丰富自己的阅历，提高自身的修养与水平。

以一颗清醒淡定的心面对诱惑

人既然无法脱离这个纷纷扰扰、充满诱惑的社会，就必须让自己的内心拥有一份清醒和淡定。唯有淡定，才能让自己的内心静下来，才能细细品味生活的万千滋味。

一个年轻人问老者："怎样才能成功地攀登到梦想的顶峰？"老者微微一笑，从地上捡起一张纸，叠了只小船放进身边的小河。小船不喧哗，不急不躁，借着水流静静地驶向远方。途中鲜花欲让它留下，它不为所动，仍默默前行。

老者说："人的一生诱惑太多，金钱、美色、地位、名誉……选定了奋斗目标，途中因思谋金钱而驻足，因贪恋美色而沉沦，因攫取地位而毁灭，因渴求名誉而浮躁，故难以像小船一样，不为诱惑所动，向着既定的目标默默前行，这就是有些人做事半途而废的原因。"

年轻人恍然大悟，打点起行囊，迎着风，向山顶爬去。追梦的过程中，他遇到了金钱、美色、权势等诱惑，但他不为所动，终于，他爬上了山顶，成功地实现了自己的梦想。

诱惑往往是难以抗拒的，在诱惑面前，人们的选择各不相同。面对诱惑，有的人能做出惊人的伟业，有的人却成了寂寞的俘虏；有的人能够守住精神的底线，有的人却成了道德的叛徒；有的人能够参悟人生的真谛，有的人却跌倒在深渊里。

有一个女孩儿，她的妈妈每周都给农场主的小旅店洗衣服，报酬仅五美元。一个周六的晚上，小女孩像往常一样替妈妈去小旅店领钱。

农场主从手里打开装满钞票的钱包，从里面抽出一张给了小女孩。

小女孩走在路上，停下来用别针把钱小心地别在围巾的皱缝里。这时，她发现农场主给她的钞票不是一张，而是两张。

“这是我的，全是我的。”小女孩的第一反应是为得到这笔意外之财而感到高兴。她心里想：“我要给妈妈买一件新的斗篷，妈妈可以把她那件旧的给姐姐，这样姐姐明年冬天就可以和我一起去星期日学校了。也许还能给弟弟买双鞋子呢。”

小女孩笑着，跳着，往家里赶。突然，她的耳边响起妈妈的话：“你想人家怎样待你，就以什么样的方式待人家。”

小女孩的心里开始挣扎，这多出来的钱无疑是一个极大的诱惑。她来回挣扎、犹豫、徘徊。

最后，小女孩用尽全力抵制住心底那个诱惑的声音，把多出来的钱还了回去。

后来，小女孩一直坚持着这一原则，面对诱惑，保持淡定，最终获得了很多人可望而不可即的巨大成功。

她，就是美国亿贝公司前首席执行官梅格·惠特曼。

车尔尼雪夫斯基说：“生活只有在平淡无味的人看来才是空虚而平淡无味的。”当尘埃落定，所有的激情都会化为平静，生活、爱情和人生终归要演绎为平平淡淡，像一朵平实淡定的菊花开在如水般纯净透明的生命里，每一个花瓣都散发着清淡的芬芳。

要“不畏浮云遮望眼”，以一颗清醒淡定的心面对诱惑，耐得住寂寞，守得住清贫。淡定是一种超然的人生态度，引领我们穿越人生的丛林去看那清如明镜的溪水，一切都能云淡风轻，快乐会从自己的心中溢出。

她是个坚强独立的职业女性，但她的爱情却平淡如水。她和男朋友从大学开始交往，十几年的时间仿佛一道越流越平缓的溪水，如今就算是扔下一颗石子，也再难激起一丝波澜。她感受不到学生时代那种能够激情荡漾的爱，又没有分手的理由，索性维持着这份感情，将全部身心投入在无止境的工作中。

她优秀的工作业绩和能力，引起了一个男人的关注，那就是她的上司。上司是个相貌平平、成熟世故而又大权在握的男人。上司的妻子是富二代，上司因为娶了她，才有了现在的成就。虽然说他的能力不俗，但他所依靠的，还是婚姻赋予他的一切。

上司对她抛出了“橄榄枝”，经常借故让她留下来加班，请她吃饭，还买来各种名贵的礼物，暗示她如果接受他的表示，她就能够得到更多的工作机会，升职加薪都不成问题。在道德与名利的诱惑之间，她摇摆不定，她知道这意味着什么，所以迟迟下不了决心。

不能否认，她的上司很是精明。他看出她的动摇，便给了她一个表现的机会。她取得了自己事业上从未有过的巨大成功，面对人们钦羡的目光和随之而来的收获，她尝到了甘甜的滋味，她仿佛看到，事业上能触摸到以前自己倾尽努力也无法到达的巅峰。于是，她踏出了第一步。

她并不爱上司，两人之间就像是一种心照不宣的交易。上司得到了婚姻之外的激情，而她，在职场上平步青云，很快便独当一面。她的男朋友对此毫不知情，依旧对她关怀体贴。

她心里免不了感到愧疚，和男朋友在一起的时候，她尽可能地用自己的温柔来补偿他。男朋友只以为她是为了寻回两人曾经的美好感情，为此感到欣慰和高兴。她时常觉得自己的功利令人憎恶，但她无法阻止追求成功光环的脚步。

纸终究包不住火，上司的妻子闹到了公司，当着所有人的面打了她一巴掌。在其他人震惊的眼神中，她无地自容，她明白了，这是代价，玩火终自焚。

男朋友也从别处听说了这件事，她做好了分手的准备。但没想到，男朋友却平静地接受了一切，并反过来安慰她，对她说："人生总会有许多插曲，走错了只要及时发现，回归正路就可以了。以前我对你关注不够，才让我们的感情进入了盲区，我们重新开始吧。"

她泪流满面，卸下负累，才发现名利只是浮云，能陪伴自己走过风雨的，还是真爱。

人在诱惑面前，一定要保持清醒，拥有一份淡定，坚守自己的底线。

像经营事业一样去经营婚姻

“我承诺：我将毫无保留地爱你，以你为荣，尊敬你，尽我所能，供应你的需要，在危难中保护你，在忧伤中安慰你，与你在身心上共同成长。我承诺将对你永远忠实，疼惜你，直到永远……”

结婚誓词传递的是一个即将走入婚姻的人对婚姻最初的认识，而当女人真正决心脱掉恋爱那层浪漫的外衣，勇敢地踏上红地毯，过着日复一日柴米油盐般琐碎的生活时，那句“婚姻是爱情的坟墓”的经典语句也开始常常在脑海中回荡。难道婚姻真的是“坟墓”？很多人在爱情走到最甜蜜时就会步入婚姻，可以说婚姻是爱情的圆满收场，是爱情的延续，也是双方甜蜜的另一个开始。如果说“婚姻是爱情的坟墓”，也只是一些人不善于经营婚姻，为逃避斥责而找的借口而已。

善于经营婚姻的女人，会把婚后琐碎的生活经营得如爱情般甜蜜、和谐，对她们而言，婚姻就像天堂般美好。而那些不懂得经营婚姻的人总抱怨婚姻是爱情的坟墓，她们眼睁睁地看着爱情在婚姻中慢慢地走向平淡，以往的甜蜜都成为过眼烟云，然后一个人暗自神伤。

婉宁和男友相识后，经过四年甜蜜的恋爱，步入了婚姻的殿堂。婉宁之前一直帮父母做生意，婚后在父母的资助下自己做起了生意，后来因为店铺人手不够，就让老公把公公婆婆接到城市来帮忙。

为方便起见，婉宁给二老在店面附近租了间房子。公公婆婆对婉宁也很好，婉宁想象着有一个孩子，跟自己心爱的人组建一个小家庭，一定会充满温馨和快乐。

但当婉宁真的有了宝宝时，她的想法却彻底地转变了。在公婆伺候她坐月子时，一大家人住到了一起，她才发现家庭和美的表面下潜藏着很多矛盾。原来公婆一直对这个有钱、有貌、有能力的儿媳不满，他们看不惯这个不做家务活、花钱大手大脚、让自己的儿子干家务活的儿媳。

婉宁和公婆之间开始有了隔阂，于是婉宁开始经常向老公抱怨婆婆对自己苛刻，公公如何表里不一，而公婆也觉得儿子在媳妇面前低声下气，让他们颜面尽失。最终夹在中间的老公因难以调和妻子和父母之间的矛盾而变得沉默。渐渐地，夫妻之间很少沟通，两人的关系也变得紧张。这种沉默的和谐，似乎是预示暴风雨到来之前的宁静，婉宁不知道他们这种压抑的生活什么时候会崩溃。这样的家庭生活和她穿上婚纱时想象的婚姻大相径庭，她甚至开始怀疑自己这段婚姻的意义，她想："如果没有结婚，或许我和老公之间的爱情还在，难道婚姻真的是爱情的坟墓？"

女人应该认识到爱情是婚姻的基础，双方因为爱情结合，但婚姻又远远超过爱情，因为婚姻意味着双方都要理智地面对很多现实的问题。婚姻不似爱情那么简单，但是婚姻中也蕴含着信任、牵挂与温情。婚姻本来就是建立在彼此相爱的基础之上，只要你在婚姻中扮演好妻子的角色，其实婚姻也并没有想象的那么可怕，你依旧可以感受到恋爱时的甜蜜与激情。

想让婚姻成为天堂，你必须付出努力。有些女人一天到晚只知道辛苦工作，还以为这就是在给自己定位，这种做法是不可取的。

在工作中，为了提高成绩，就需要一些必需的能力，如洞察全局、赢得人心、获得他人帮助的能力等。婚姻中同样如此，那些懂得经营婚姻，并得到家人尊重的女人，往往都知道运用一些“能力”。

前年结婚的林乙优，是善于经营婚姻生活的高手。自结婚以来，她从来没有怠慢过小姑子的生日——去年送了名牌钱包，今年又送了高档护肤品。别人问她：“你对小姑子的生日那么用心干什么?”她回答说：“那都是为了使生活更和谐而进行的投资。”原来，林乙优结婚后很快就发现，婆婆是个优柔寡断、“耳根子软”的人，小姑子却是一个性格强势、吹毛求疵的人。林乙优费尽心思讨好小姑子后，她和婆家的关系，果然和她预想的一样和谐。在林乙优家里，婆婆要是对媳妇稍显不满，小姑子就立刻站出来帮林乙优打圆场。

林乙优也在公司上班，他们家的生活费是用老公的工资支付，她自己的工资却都存起来。虽然一家人的钱怎么花都一样，但是，她说，自己存折里的大笔存款都是准备买房子的。每当她老公听到她描绘将来的美好前景时，都会说：“用你辛苦赚来的钱。”

林乙优的做法给家人留下了顾家的印象。平常她都在外面下馆子，周末还会睡个大懒觉。但是，至少周末的午饭，她还是会好好准备一番的，而且准备的饭菜都是老公喜欢吃的，尽管这些午饭都是用从外面买来的半成品材料做的。她老公也知道，在这顿午饭中只有米饭才是林乙优彻头彻尾亲自做的，但是，这满桌好吃的饭菜看着舒服，她老公也吃得津津有味，还说：“还是家里的饭好吃。”

有人问她：“平时工作那么忙，什么时候打扫家里卫生呢?”

她回答说：“我不怎么打扫，每天擦来擦去也看不出来什么名堂。即使打扫，也要挑老公能看到的时候做。我不做白干的事。”

林乙优就是这样把自己成功“包装”成“在外面工作给家庭收入做贡献，又尽全力做好家务活”的好媳妇。她的婚姻生活也是一片和谐，人人称美。

家庭这个组织是“爱情”的动机和目的，相比其他组织来说，家庭显得宽容得多。在家庭中，只要你具备最小限度的“员工意识”，你就能得到职场中无法比拟的回报。

女人应该理智地认识到自己对丈夫的爱情，拿出心中的真诚，来换取对方的真诚。在生活中互相多一些理解与信任，多一些欣赏与吸引，这样的婚姻不但不会成为“坟墓”，还可以成为“天堂”。

在平淡的生活里用心去体会丈夫的深情，体会家的温暖，那么你依旧可以在操劳的生活里感受家的温馨，在比较难处的婆媳关系中发现乐趣，在平凡的婚姻中感受到天堂般的美好。只要有爱，婚姻就不是“坟墓”；只要用真诚与理解经营婚姻，婚姻就是爱情的延续；只要夫妻两人在婚姻的殿堂里牵手走过这一路艰辛，踏过这一路荆棘，就可以创造出婚姻的天堂。

第十章

愿你练出“钻石心”，依然“芙蓉面”

每个女人都渴望如奢侈品般被珍惜，可你是否知道，只有自己先把自己当作奢侈品，他才会如奢侈品般待你？

化妆，让人生只如初见

无论是“为悦己者容”，还是只为了自己漂亮，女人们总是习惯坐在梳妆台前，在自己的脸上涂脂抹粉一番。可是生活中，有些女人把自己的脸涂抹得花花绿绿的，实在让人不敢恭维。

女人可以不化妆，但必须要会化妆。当大街上走过一个很漂亮的女孩，可是脸上却涂抹得五颜六色，你还能觉得她美吗？在晚上，对面走过一个脸很白而眼圈很黑的女人，你会觉得时尚吗？化妆并不是在自己的脸上调色，而是通过化妆让自己更加美丽。

妙晴在一家外企上班，虽然她说不上天生丽质，但也是地地道道的美女。她每天化的妆，虽然不是很精致，却也很自然。用她自己的话来说，成功的妆容不是多么的与众不同，而贵在自然。

妙晴喜欢平时化淡妆，她认为，淡妆是最起码的礼貌。妙晴在化妆时，选择的粉底是和自己皮肤很接近的，或者是稍微深一点儿的。一般情况下，妙晴的脸上不会出现颜色对比很明显的粉底。之后简单地在睫毛上面涂点睫毛膏，眼睛看起来会很有神。当然还少不了亮亮的唇彩，而且比口红要自然得多。这种简单而清爽的妆容往往只会花费妙晴不到15分钟的时间，就可以轻松搞定，这样的妆容让她美丽而不做作。

清新、舒适、简单的化妆越来越受到现代女性的欢迎。化妆无疑给女人带来自信的美，不但可以遮盖和弥补面容的瑕疵和不足，还可以让女人的魅力倍增。无论是绚丽夸张的彩妆，还是清新脱俗的裸妆，无论是烟熏妆，还是烈焰红唇，都有着别样的风情。

（1）根据脸型选择合适的妆容

先确定自己是鹅蛋脸、瓜子脸、梨形脸、圆形脸、方形脸还是菱形脸。脸型不同，修饰的重点也不一样。

梨形脸上窄下宽，可在两腮较宽部位加深色粉底。

圆形脸十分可爱，却缺乏立体感，应该在腮部和额头两边用深色粉底，拉长脸型。下巴和额头中间则使用白色粉底，形成立体感。

方脸线条较直，下巴缺乏温柔感，同样需在腮部和额头两边打深色粉底，额头中间和下巴加白色粉底，同时化点儿唇部的彩妆，表现出柔和的色彩。

长脸让人觉得不柔和，可以尝试在腮部和下巴打上深色粉底，增加秀气度。

菱形脸很有立体感，但颧骨较高，显得尖刻。应用较重的腮红在颧骨上造成厚重的阴影感，同时提亮、加宽鼻梁。

（2）修眉

眉毛是女性很优雅的部位。画眉可以修饰眉形，将过短的眉形加长。修眉时要避免眉毛粗钝，宜拔除眉尾下缘，使之逐渐尖细。

一般修眉的原则是拔下缘留上缘，如果眉毛太粗眉峰又高（虽然这种眉型比较少见），则应该将眉毛从上缘拔除。

若眉毛太稀疏，则切忌画上僵硬的直线，而必须用细的眉笔画成短短的羽毛状，然后再用眉刷刷，使之近于柔和自然，不至于显得太突兀。

(3) 眼妆决定整体效果

眼睛是面部最富表现力的部位，漂亮的眼睛会给人留下美好的印象。适当的化妆能够弥补缺陷，增添眼睛的魅力。

小眼睛的化妆技巧：在上下眼睑画眼线，把会合处往外画一些，并向上挑，这样可以使眼睛显得长一些。眼影要涂在眼眉下面，而不是眼睑上面。

深凹的眼睛的化妆技巧：下眼线画得往外、往上一些。使用暖色或亮色眼影，涂在眼眉下，而不涂在眼睑上。

圆眼睛的化妆技巧：从眼睛的内角开始画眼线，眼线要向外延伸并向上挑。下眼线画不画都可以。眼影涂在眼睑上和眼眉内半边的位置上。

突出的眼睛的化妆技巧：上下眼线不要交汇，上眼线略微向上。在眼睑上和眉毛下面涂咖啡色系列眼影。

(4) 鼻子的修饰要显示立体感

高挺合适的鼻子，会让整个面部生动立体起来。但很多女人的鼻子，都有或多或少的缺点，需要根据自己鼻子的特点，进行恰当、合理的修饰。

可以用加强色彩的明暗对比的方式，使低塌的鼻梁显得高一些。可以用深于肤色的浅棕色、棕红色、紫褐色等，在鼻子的两侧形成阴影效果。在鼻梁上涂明亮的颜色，可以用浅肉色或者淡粉红加少量的白色与黄色，调成一种比皮肤明亮的颜色。如果用珠光型眼影，由于亮光的反射，会使鼻梁突出，但涂抹的面积不宜太大，只需在鼻骨及鼻尖上轻轻印涂，而且要符合鼻子本身的生理构造。

(5) 唇部的妆容

唇部的妆容，是一个女子脸上最灵动的一点。朱红一点，光彩照人，平添无限妖娆！

嘴型大的唇线要深，唇红以暗红为妙；嘴型小的要把唇线扩大，唇线也可用艳红色；嘴型太鼓，应选择浅红色，且不宜画唇线；嘴型太瘪的，要画艳红色唇线，这样就可扬长避短，增添几分妩媚。

画唇彩要与自己的脸型协调。一般说来，胖圆脸型的人，嘴型轮廓都略显厚小，所以，可在原有嘴型的基础上画得大些、长些或棱角清楚些。瘦脸型的人，若嘴型显得薄而且大，唇线可将内边缘画得略圆一些，唇峰也宜圆，唇彩可用粉红、浅胭脂红、浅桃红色等，这样显得嘴型略圆，颜色柔和。

(6) 不同肤色要使用不同的化妆技巧

白皙的皮肤应用较浅色的遮瑕膏及粉底。大部分深色皮肤有色斑，需要妥善处理。用比肤色浅两度的遮瑕膏，扫擦较深色或不均匀的部位；宜使用不含油脂的液体粉底，色调应该比肤色浅；轻轻扑上透明干粉。对于黝黑皮肤，可能需要用有色干粉，可抹上紫丁香或粉红干粉，增加暖色的感觉，然后抹上黄褐色或古铜色胭脂，以灰色或深紫色眼影美化明眸。橄榄色皮肤看起来灰黄，因此，带粉红色的粉底可以令人精神一振；用黑褐色或紫红色眼影，唇膏用玫瑰红色，令脸部明艳照人。

科学保养肌肤

我们的肌肤经常暴露在风、空气、烟雾、灰尘之中，还会受到阳光的侵害。此外，皮肤还受到季节变化、饮食、药物等各种因素的影响。因此，女人要想拥有干净而富有活力的肌肤，必须懂得养护自己的肌肤。

首先，要分清自己的肤质，采用适合自己的洁面保养方法。

油性肤质的肌肤，皮脂分泌较旺盛，需要清爽型的化妆水，且化妆水应有保湿的作用。擦完化妆水后，记得抹上清爽乳液。若有收敛水，记得在最后步骤再擦上，这样有助于毛孔收缩。若有控油的产品则可免掉收敛水，直接擦上化妆水与乳液即可。

干性肌肤适合用保湿滋润型的护肤品，并切实做好基础步骤中的乳液及精华液的保养。如果你的肌肤不但缺水，而且缺油，就必须使用含油分的乳液做保养。在干燥的冬天，最好养成敷面膜的习惯，以此来加强保湿效果。夏天的时候只需要注意乳液、精华液的补充即可。另外，眼睛部位容易干燥，别忘了用眼霜给予呵护。

中性肌肤的保养相当简单，只要切实做好基础步骤即可。这类肌肤的女性可以将化妆水改为收敛水，轻拍于脸部，以收敛毛孔。此类肤质本身的保湿能力没有问题，若过度使用高效保湿营养品，反而容易造成相反效果，使肌肤的保湿能力降低。

混合性肌肤同时拥有油性与干性两种肤质。此类肤质的保养不如其他肤质容易。必须特别注意脸上的两种部位，一个是T字部位，一个是脸颊部位。所以，必须适当对T字部位控油，而脸颊部位则必须着重保湿。

其次，不同季节有不同的气候特征，对肌肤各有影响。

人就如生活在大自然的一棵植物。空气、阳光、水分在不同的季节各有异同，其生活状态需要调整，皮肤护理也是如此，随着外界条件的改变，护理方法也不尽相同。

在春季，对于皮肤来说，最明显和直接的外界刺激就是阳光。清洁皮肤是首要的工作，脸部获得清洁后，勿忘记拍上爽肤水和适当的面霜做保护。此外，防晒工作也不容忽视。定期做水分面膜和清洁面膜，都能使皮肤清爽和洁净。与此同时，切莫忘记饮食中的营养摄取，多摄取鸡肉、牛肉等动物性蛋白质以及维生素B，对于保养皮肤有很大的裨益。另一方面，尽可能在睡觉时关上抽湿机，如果不能避免，则应将其放在自己距离较远的位置。

进入夏季，很多女性朋友只将夏日的强烈阳光视为皮肤的克星，却忽视了汗水的可怕。

我们需了解pH值（酸碱度）对皮肤的影响。pH值属于弱酸性，有阻碍细菌发育和繁殖的功效。健康正常皮肤的pH值在5.5~6.5，此弱酸性有中和碱性和防止皮肤受伤害的作用。一般来说，汗水的pH值为4~5，当汗水接触皮肤后，会使皮肤的pH值提升呈碱性，抑制皮肤表面细菌衍生的功能便会减弱，因此皮肤炎、斑疹等症状在夏日很常见。

夏日洁肤是不容忽视的常规做法。除了早晚的脸部清洁外，如有需要，也可以于外出后做面部清洁，再拍上酸性化妆水，以中和皮肤的碱性和补充水分。

很多女性朋友认为，大夏天涂上面霜，只会令皮肤油腻，更容易沾上灰尘。事实上，面霜除了有滋润皮肤的作用外，也有防止皮肤水分流失的功能。只要挑选水分较高的面霜，便不会有油腻的感觉。现在很多面霜都兼具防晒功能，不妨根据防晒指数（SPF）的数值做出选择，数值愈大防晒效果愈好，有效时间亦较长。

夏日炎炎，除了面部皮肤会冒汗水，身体每寸肌肤，都会在不知不觉中被汗水浸蚀。汗水长时间停留在皮肤表面，被皮肤上的细菌所分解，就会发出恼人的异味。每天外出后，必须给身体肌肤做彻底清洁，洗个温水澡。除洗澡外，也可利用一些止汗剂和除臭剂以消除或减轻难闻的汗臭。

由于秋季接触直射阳光的机会减少，所以已变厚的角质层会渐渐恢复本来的厚度。此时，多余的角质层会剥落而在面上形成脱屑现象，很多人却误会是天气转凉、皮肤缺乏水分而产生脱皮。

要使受损的肌肤恢复光彩，便要加强新陈代谢的功能，使皮肤恢复正常状态。磨砂有助于去除死皮，按摩和做面膜可促使血液循环，增强新陈代谢。此外，充分摄取维生素A和蛋白质，可加速恢复原来健康的皮肤状态。

在冬季，皮肤会因为寒风、冷水和室内暖气等的交替影响，而使微血管收缩，养分不能充分地输送到皮肤，同时，汗腺和皮脂腺的功能减弱，分泌减少，皮肤因缺乏滋养而变得粗糙、干燥，缺乏弹性，容易产生皱纹，甚至破裂的现象。这种情况在干性皮肤的人身上最为明显。

护理冬季的皮肤，必须在脸上涂抹保湿性强的营养霜，略带油分也无妨。而手部、足部以及全身皮肤也应擦上适量的润肤霜以防止干燥。与此同时，可借助按摩促进血液循环，使养分能充分送往皮肤的表层。此外，要注重健康的饮食。饮食营养要全面，特别要注意增加饮食中维生素的含量，少吃刺激性的食物，更不能为了节食而完全排斥脂肪的吸收。

另外，不同年龄的女性，应有不同的护肤重点。

20~25岁应养成科学的皮肤清洁及保养习惯。这个年龄的皮肤细腻光滑，除非有青春痘等问题产生，一般不需要特别护理。如果是油性皮肤，应早晚用洗面奶彻底清除面部污垢。寒冷或干燥的季节可选用乳质面霜，以增加营养。

25~30岁应注意预防皱纹的产生。为了防止皱纹的产生，可选用保湿类护肤品。必须仔细选择适合自己的面霜，因为这个阶段皮肤的好坏与使用的面霜很有关系。

30~40岁应防止皮肤光泽黯淡。这时的皮肤很容易出现光泽消退的情况。除了合理的清洁习惯和规律的生活之外，还应有一整套的系统保养。可选用果酸类护肤品，以清除皮肤表面的死细胞，促进新生细胞的生长。

40~50岁应注意补充皮肤养分。这个阶段由于激素平衡失调，皮肤水分流失，造成面部皮肤松弛，所以及时补充水分和营养非常重要。应选用防皱、补水和再生类护肤品。为防止眼周及嘴角鱼尾纹产生，应使用维生素E面膜及胶原蛋白类面膜，并辅以按摩。

50岁以后应补充水分、营养及进行再生细胞的处理。此时皮肤的胶质及弹性蛋白减少，皮肤细胞再生能力减退。平时除了清除坏死的表皮细胞外，还应选用优质防皱及能增强皮肤新陈代谢的抗衰老护肤品。早、晚坚持使用，以弥补更年期被破坏的平衡。

身材不完美，服装来弥补

得体的形象能够令一个普通的女人变得出众耀眼，为其气质加分。有的女人尽管漂亮，但整体装束比较差，衣装与发型、鞋、包等整体不协调，就会给人一种不美观，甚至错位的感觉，大大影响了整个人的气质。

着装讲究协调美，要想让衣装看起来符合自己的气质，给人协调感，就要学会聪明地穿衣，通过穿衣技巧，巧妙地将自己的身材缺陷掩盖起来，突出服饰美的效果。

女人要了解自身的情况，才能在穿着上扬长避短。要注意什么样的体型，配合什么样的服装，用色彩、款式、纹样、裁剪起到弥补缺点、突出优势的作用。如果自己身材不好，更应该从穿着上面去弥补。

(1) 巧穿衣改变脸型

脸圆的女性适宜这样的服装：有款式简单、大方的领型，不要有花边衣领或过于复杂的衣领。下身最好穿紧身裤或者是紧身裙。肩膀设计需稍宽阔，有垫肩更佳。

脸部过于瘦小的女性，首选大衣领或领口宽大的衣服。肩膀部分不宜安垫肩，不能宽大，顺其自然最好。在色调选择方面，不宜采用淡色系列，应巧妙地配合浓淡部分，否则会使脸部更加显小。

(2) 巧穿衣增加颈部美感

颈部粗短的女性，可简单地利用某些领型和发型来改变颈部的外观。在领型上，一般比较适合“U”字形或“V”字形的低领型服装。在衣服前面部分设计纵向的条纹，这样就会给别人一种拉长和向上的直观感觉，从而掩饰颈部过短的缺陷。

(3) 巧穿衣让“太平公主”变丰满

胸小的女人也可以很性感，关键就看你怎么穿。可以穿一件胸前带有口袋或特别花样的上衣，这样可以增强发散的效果。或者穿一件胸前有褶皱或腰带的上衣，这样会让胸部看起来比较丰满。

对于上衣的面料而言，选择有纹路的布料或横线条上衣，会让胸部看起来丰腴些。布料亮度比较高的衣服，也能使胸部看起来更丰满些。

有垫肩设计的外套，会使胸部看起来比较挺。较宽版的连身长裙，搭配衬衫或针织衫也是胸小女性的选择之一。

宽松式的造型以及层叠的蛋糕裙，会让别人忽略对胸部的关注，掩饰胸部过小的缺陷。

两件式和多层次的穿法可造成视觉上的错觉，制造出丰满的效果。

如果穿舒适而贴身的衣服会显露平胸，在外面搭配背心或小外套，看起来胸部就会显得比较丰满。

(4) 巧穿衣掩盖粗腰大臀凸小腹

臀部过大的女人穿下摆宽松的衣服并不理想，应穿下摆较紧缩的衣服。如果腰粗的话，就不要放太多细节在腰间处引人注意。有一个改善的办法就是穿质地柔软的连衣裙，可以掩饰腰粗的缺陷。

凸出的小腹是女性穿衣时的一大难题，如果处理不当，便会破坏一件漂亮服装的所有美感。有凸出小腹的女人，适合穿长款上衣，利用其长度遮住微凸的小腹。最好选择有弹性的面料。复古款式的花衬衫或T恤，配上背心或外套，可以转移别人的视线。A字形的窄裙也有很好的修饰效果。但有一点要尽量避免：不要把衬衫扎到裙或裤腰内，或是穿腹部剪接的打褶时装，这样会使腹部更加明显。

(5) 巧穿衣让双腿修长有型

腿短并且腰比较细、臀围比较宽的女人适合穿裙子，或者穿可盖住臀围线的长款上衣，而且是不收腰身的。这类人不适合穿直筒裤，以避短扬长。

如果想让腿部显得修长一点儿，最好穿紧身的直脚裤或者及膝裙，再加一双尖头凉鞋或高跟鞋。

腿粗的女性不太适合穿紧身的裤子，也不宜穿超短裙。为了掩饰缺陷，最好穿筒裙、长裙或者是喇叭裤。

腿太细的女人不适合穿紧身裙，比较适合款型挺拔的长裤，因为这样看起来会比较漂亮。在色彩选择上，以偏向明亮、淡雅的色调为宜。

(6) 巧穿衣让自己更显瘦

准备一件腰身非常合体的上衣，并且确定这件上衣裁剪得非常合适，这样在束腰带时就会显得雅致大方。一件有型的黑色夹克对于展示你的形体来说至关重要。及臀的上衣和直筒裙搭配能塑造完美的直线。及膝的套头衫和短裙把身体分成三部分，塑造出了更苗条的曲线。穿长裙则会让人看起来更加苗条。轻质料的针织衣不会对人的身体曲线吹毛求疵。瘦长的裤子加上短款上衣能很好地制造出腿长的效果。

(7) 巧穿衣让体型高大的“女汉子”变“女神”

体型高大的女人该怎样穿衣才能让自己散发“女人味”呢？

服装设计师有以下建议：宜穿横条纹、斜条纹的衣服，这样会让身材看起来更秀气。下摆散开的圆裙也很适合这样的女性。为了给人一种身材秀美的感觉，还可以在腰部装饰小花束或在裙子上扎有花纹图案的装饰等。总之，尽量使上半身显得瘦小一点，是体型高大的女性不错的选择。

(8) 巧穿衣展露性感香肩

大V领是肩宽美人的最佳款式，借由V领的视线延伸，巧妙地隐藏了肩宽的缺点。深U领也能起到“缩肩”的作用。因为U领使颈部露出一片开阔地带，颈部修长了，肩部自然也就变窄了。深色系上衣同样具有神奇的“缩肩”效果。别致的设计、花哨的图案能将人的视线从宽大的肩膀上移开。选用下垂性比较好的面料做衣服，这样肩膀也会看起来窄一些。

(9) 巧穿衣遮挡“虎背熊腰”

时装设计师建议，背比较肥的人大忌露背装，其次就是背心。可以选穿深色短袖上衣，会收到一定效果，款式以简单为主。裤装或裙装可以突出细节的装饰，可转移别人的注意力，看上去显得瘦一些。

(10) 巧穿衣让身型瘦小的女人端庄大气

娇小的女子是可爱的，但是如果过于娇小，可以通过服装让自己显得更加大气一点儿。体型瘦小的女子最好选择花型素雅、简洁的服装，不宜穿衣领开口很大的服装或衣袖多褶的服装，不宜穿有很多褶的裙子（迷你裙除外）或长至小腿的长裙。

此外，身材娇小的女人比较适合穿腰部装有饰品的牛仔裤，若在腰部束一条宽腰带会更显漂亮。

饰品配搭，画龙点睛

饰品能够起到画龙点睛的作用。

现在市面上很多饰品都物美价廉，关键是要学会如何用不同风格和颜色的饰品巧妙地装饰自己。

帽子的种类和搭配

帽子的种类很多，大致分为运动帽、圆盘帽、毛绒帽、圆顶窄边帽等，织帽材料的不一样又使帽子产生更多的变化。一起来看看帽子究竟有哪些种类，学学不同的帽子又应该如何搭配。

(1) 运动帽

运动帽是充满青春活力的象征，给人轻松、自然的印象。

春夏日：适合与各种T恤、衬衫，配牛仔裤、背心裙或简单的棉质洋装搭配。

秋冬日：适合与灯芯绒裤、牛仔裤、牛仔衣、连帽大衣、棒球外套、大毛衣等搭配。

(2) 圆盘帽

圆盘帽老少皆宜，毛线编织、绒布、呢料、麻料等各种不同质料的圆盘帽，几乎适用于各式各样的服装搭配组合，不妨尝试看看。

春夏日：T恤、牛仔裤、格子衫、长洋装、迷你裙、喇叭裤、连身紧洋装都适合。

秋冬日：牛仔外套、大毛衣、多层次洋装……可以说，除了正式或运动的装扮不适合外，其余皆可。

(3) 毛绒帽

毛绒帽，在冬天来说，可以达到取暖又有型的效果。

秋冬日：大毛衣、格子衬衫、牛仔衣、连身大衣、棒球外套、吊带裤、连身紧洋装、紧身衫搭配小短裙。

(4) 圆顶窄边帽

帽子采用较华丽的素材，如绒布或呢料，因而有着不同的风味与搭配方式。

春夏日：样式简单但质感良好的洋装、多层次搭配的长洋装都适合，但需注意颜色的协调。

秋冬日：同质料的高腰式娃娃装、线织网状背心或洋装、短腰身西装外套+长裙、贴身毛衣+短/长裙，以质感较考究为佳。

项链凸显香肩美颈

项链已经成为很多女性必不可少的装饰品了。许多人拥有各式各样的项链，却并不一定清楚什么款式是适合自己的。

项链佩戴在脖子上，不仅对脖子本身的形象会有影响，对脸型的衬托以及视觉效果都会起一定的作用。因为人的视觉在项链色彩的影响下，会改变对脸部皮肤颜色的感觉。同时，项链的材料特性、造型以及佩戴后所形成的线条造型，也会对佩戴者的脸部形象及感觉产生影响。利用这种视错觉的原理来正确选择和佩戴项链，可以获得令人满意的效果。

(1) 脖子粗短的人

这类人往往缺乏一种挺拔的感觉。如果在本身就短的脖子上戴比较短的项链，会使脖子显得更短。

戴上细长的项链或带有挂件的项链就会使短脖子有拉长的效果。因为项链的“V”形线条所引起的视方向有向下垂挂之感。

(2) 脖子细长的人

不适合佩戴细长形项链，因为这会使细长脖子的形象更明显。戴颈链、项圈或粗短形项链，效果会好一些。

(3) 圆形脸

不宜戴项圈或者由圆珠串成的大项链，过多的圆线条不利于调整脸型的视觉印象。佩戴长一点儿或带坠子的项链，可以利用项链垂挂所形成的“V”字形角度来增强脸与脖子的连贯性。也就是说，以脖子的一部分与脸部相接，使脸部的视觉长度有所改变。

(4) 方脸

戴上一条漂亮的项链，可以缓和其脸型的方正线条。如果佩戴串珠项链，珠形应避免菱形或方形。

(5) 三角形脸

佩戴项链时，可以选择长项链。因为长项链佩戴后所形成的倒三角形态，有利于改变下颌宽大的印象。

(6) 倒三角形脸

在一般情况下，这种脸型呈现出的特点是额部宽大饱满、下颌尖瘦。这种脸型由于接近理想的椭圆形，所以可佩戴项链的范围比较大，无论长短、粗细都较为相宜。但如果下巴过尖，则在佩戴项链时应慎用带尖利形挂件的项链。

(7) 长脸

不宜戴长项链或有坠子的项链。因为项链下垂后形成的长弧状，容易使脖子与脸部连在一起而加深长脸的印象。短而粗的项链、套式项链、项圈，则比较适合长脸。

(8) 脸型窄而瘦

如果表情也比较冷漠，最好不要戴黑色项链，以免显得过于冷峻。戴上浅色的、闪光型的项链，可以使面部显得丰满并可增添几分活跃的气息。

(9) 皮肤白皙

皮肤白皙细腻的人佩戴任何颜色的项链都会好看。比如，佩戴白金项链、珍珠项链等浅色调项链，显得高雅，并有柔和、自然、含蓄的美感；佩戴琥珀、黑耀石、紫水晶、深色玛瑙等深色调项链，会将皮肤衬托得更加完美。任何颜色的项链，在白色皮肤的对比下，都会更有光彩。

(10) 肤色深

肤色较深的女性在佩戴项链时，要谨慎地选择。一般不宜佩戴浅色调的项链，因为在浅色项链的对比下，肤色会显得更深。

如果脸色是黑里偏黄，那么琥珀、玛瑙、金、紫铜等色彩较好。因为这些项链的颜色呈黄色调，又比肤色要深，可在协调中衬托皮肤。

如果肤色为黑里透红，那么金项链、黑耀石项链、紫水晶项链较适合，绿宝石、翡翠等绿色调项链则会使皮肤更红更黑。在大多数情况下，黄金、白金、钻石项链都容易与各种肤色相佩。

手包为你的整体造型加分

选择一个合适的包包来搭配你的造型，能为你的整体造型加分不少；但若选错了包包，不但不会为你的造型增色，反而会让造型看上去十分失败。因此，女人在注重服装的同时，包包的搭配也十分重要。

(1) 稳重型

这类包包比较适合上班族，颜色多以黑、咖啡、白单色系或者深色格纹为主。考虑到白领工作时需要穿着正装，且服装色彩也多以黑、白、咖啡等深色系为主，因此选择的包包在款式和细节上应具有鲜明的风格，像流苏、铆钉、金属链、镶嵌装饰等细节，都能为一身沉闷的色彩增加一些亮点。

(2) 休闲型

这类包包比较随意，斜挎、背包、单肩皆有，适合外出逛街、郊游时使用。这类包包体积一般比较大，有充足的容量，而面料上多以帆布、牛仔布面料为主。而且这类包包非常适合DIY，喜欢在包包上装饰徽章、挂件的女生，可以尽情地施展你的搭配才华。

(3) 奢华型

这类包包使用的机会相对比较少，一般适用于宴会、舞会、婚礼等场合。在面料的选择上，可以选择绸缎、珠片等华丽闪亮的材质，款式上以提包和手包为主，体积最好选择小巧型，可以尽显女性的端庄、优雅。

（4）明朗型

这类包包颜色丰富鲜艳、样式活泼，给人清新的感觉。这类包包在春夏两季使用比较频繁，因为这个季节的衣服色彩多以浅色为主，正好搭配色彩艳丽的包包，不过这类包包最好不要选择过大的款式，色彩艳丽的大包更适合欧美人高挑的身材和白皙的肤色，亚洲人很难背出那种热带风格，所以选择小巧的款式安全系数比较高。

（5）可爱型

这类包包款式新颖、样式可爱、面料不一，可供广大的女性群体选择。这类包包适合活泼、可爱、外向、开放的女性使用。无论春夏秋冬都适合，而且无须再搭配任何挂饰，包包自身就已足够可爱。

香水，无形的装饰品

女人的优雅除了表现在穿着和修养方面，香水也是一个不可或缺的元素。香水是女人无形的装饰品。

与有形的修饰不同，香水能在空间上更加迅速有效地改变一个人的形象，使得其气质更加高雅，精神更加饱满。

香水与性格

一位香水业的专家说："要学会选择香水，首先应了解你自己是属于哪一种类型的顾客。"

如果你是办公室女郎，可以选择如橙花、玫瑰花之类的香水，其香味少了份娇柔，多了份沉淀。女性的知性之美在你的身上绝对能够完美体现。

如果你是性感女神，那些能够激发男人最原始本能的香水再合适不过，你可以选择混合了茉莉、玫瑰、檀香、香油树花等香味的香水，其花香味馥郁甘甜，有种难以言语的纵深感。而这抹香，只有懂得生活、有生活经历的女人能更淋漓尽致地发挥其魅力。

如果你是一个高贵自信的女人，可以选择紫罗兰，并伴有淡淡的橙花和玫瑰香味的香水，在前调、中调和后调的香味中，令你时而妩媚撩人，时而清新脱俗，时而充满活力，如谜一般，具有无穷的诱惑力。

如果你是一位甜美俏佳人，比较常见的香水有葡萄柚、香柠檬和橙子，辅以小苍兰、铃兰、荷花、菠萝、西瓜和石榴汁等

“混搭”而成，有的还不忘添加檀香、琥珀和白麝香等“性感”香氛，让你在乖顺之中又增添一份性感之美。

香水与场合

按香精含量和香气持续的时间，可将香水分为4种，即浓香型（香精含量为15%~20%）、清香型（香精含量为10%~15%）、淡香型（香精含量为5%~10%）和微香型（香精含量为5%以下）。它们的香气持续分别为5~7小时、5小时、3~4小时和1~2小时。

按照一般常规，浓香型的香水适合在宴会、舞会、演出等晚间较为正式的活动场合使用；清香型的香水适用于商务交往场合，比如洽谈、会晤等；淡香型的香水适合工作场合；微香型的香水则适用于休闲场合，比如散步、旅游等比较放松的场合。总之，出席的场合不同，选择的香水类型也应有所不同。

香水与季节

香水是以芳香为主要特征的化妆品，溢香祛味、芬芳宜人，但在不同的季节应有不同的用法。比如，早春使用花香型，晚春使用果香型更能给人以新鲜感。夏季以清淡型香水为主，香水宜少洒、勤洒，只要经常保持愉快的淡淡的香气即可；秋季则是各种香型都适合，没有严格的选择；冬季选择香气浓郁一点儿的花香型的香水，会给人一种温暖、热烈的感觉。

雨天外面潮湿的空气会让香气在水质区域内弥散，这个时候选择一些淡雅的香水可以给自己和周围的人带来情绪上的安详。如果你是一位“运动达人”，最好选用无酒精香水或者运动型香水，否则的话，跑步或者逛街下来，汗水与香水的“混搭”会让人对你敬而远之。

香水与用法

无论怎样划分，香水只有挥发出来才能彰显它的独特魅力，因此，香水的用法是必须了解的知识。

一个女孩着急出去见客户，她从抽屉里拿出一瓶香水，给掌心里喷洒很多，给头发上、胸襟上、小腿上涂抹，又将残余的香水在两只手上搓搓，然后在浓郁的香味中离去。的确，香水发挥了它的作用，只是客户很可能从这一身不搭调的香味中判断出她是一个不懂香水的女人，那么势必对她的业务能力也会产生或多或少的怀疑。

香奈儿说过，不用香水的女人没有未来。同样，不会用香水的女人也没有未来。香水的用法一般而言，应洒在脉搏或接触部位，以便于挥发发散。大部分人习惯喷在耳后、颈部和手腕，但不宜用在头发、衣物或身体汗腺部位。值得注意的是，涂抹香水时不要反复摩擦，这样会破坏香水的分子，使香味难以持久。

最适合喷香水的11大部位

(1) 耳后：擦香水通常最普遍的地方就是这个部位，体温高又不受紫外线的影响。

(2) 后颈部：如果是长发，可以用头发盖住避免紫外线的照射。但是后颈部属于皮肤较敏感的部位，须视个人的状况而定，慎重使用。

(3) 头发：在发梢抹上香水，只要轻轻摆头，就洋溢着迷人香气。但是与人聚餐时，这里最好不要擦香水。

(4) 手肘内侧：手肘内侧属于体温高的部位，只要移动手肘就会散发出芬芳的香气。

(5) 腰部：参加聚餐时，香水擦在腰部以下的部位，比擦在露出来的肌肤上，更能使香味随着肢体摆动而摇曳生香。

(6) 手腕：秘诀是把香水擦在静脉上，这个部位的体温较高，又经常活动，是香气很容易散发的地方。

(7) 指尖：指尖很容易沾上各种味道，希望在这个地方沾上香水成为你的习惯。特别是抽烟的人，别忘了用指尖沾取微量香水。但是，请注意不要将香味沾得到处都是。

(8) 膝盖内侧：在膝盖内侧抹上香水，能使你站起来时，由下往上散发出香气。补擦香水时，直接擦在丝袜上就可以了。

(9) 腿部：当你穿上丝袜之前，先在腿部、膝盖及脚踝内侧擦上香水，这样散发出来的香气不但典雅而且持久。

(10) 脚踝：在脚踝上方腱内侧擦上香水，你每次轻移莲步都会散发出淡淡的幽香，补擦香水时别忘了这个部位。

(11) 裙摆：只要你摆动裙子，香味就会轻柔地扩散，给人留下美好的印象。

美人坯子是“吃”出来的

如果说化妆打扮是一种人工的美，那么“吃”出来的美丽是最真实最自然的美。

现代人饮食充足、营养丰富，但常有营养过剩及营养失衡之虑，以至于减肥成了女人最热衷的话题。但盲目的减肥会把健康也一同带走，得不偿失。因此，如何吃得健康而不发胖，便成为众多爱美女性不可不知的重要内容。要做到这一点，可以从以下几方面入手。

(1) 吃水果时选择糖分低的水果

水果减肥如今已经成为一种时尚，但不是所有的水果都可以减肥，只有那些含糖量低的水果才会吃了不发胖。

香蕉：虽然卡路里很高，但糖分却很低，而且富含钾，是减肥的理想食品。

苹果：含独有的苹果酸，可以加速代谢，而且所含的钙量较其他水果丰富，可减少令人下身水肿的盐分。

西柚：卡路里非常低，同时含有丰富的钾质，有助于减少体内脂肪和水分的积聚。

奇异果：亦称猕猴桃，除维生素C丰富外，纤维也十分丰富。它可以加快脂肪分解的速度，避免腿部积聚过多的脂肪。

菠萝：富含蛋白质分解酵素，能分解鱼、肉类，适合吃过大餐后食用。

西瓜：水果中的利尿“专家”，多吃可减少留在身体中的多余水分，而且本身的糖分不多，多吃也不会长胖。

虽然一些水果不增肥，但吃水果的方法还是有讲究的。一些人喜欢饭后吃水果，这对想保持苗条身材的人是不可取的，因为饭后吃水果，就等于吃多余的糖，这部分多余的糖容易转化为脂肪贮存在身体里，也可能增肥。

所以水果最好餐前吃。研究表明，如在进餐前20~40分钟吃一些水果或饮用1~2杯果汁，则可防止进餐过多导致肥胖。因为水果或果汁中富含果糖和葡萄糖，可快速被机体吸收，提高血糖浓度，降低食欲。水果内的粗纤维还可让胃部有饱胀感。另外，餐前进食水果，可显著减少对脂肪性食物的需求，也就间接地阻止了过多脂肪在体内囤积的不良后果。但是，有一些水果如柿子、山楂、杏子、菠萝等不能空腹吃。为了减肥，餐前食用水果时，最好选择酸性不太强、涩味不太浓的水果，如苹果、梨、香蕉、葡萄、西瓜、甜瓜等。

(2）吃前嗅一嗅

深深吸一口薄荷、柠檬或薰衣草等浓烈气味的东西，有助于抑制食欲。心理专家说，气味及味道与个人满足感有密切的关系，所以你需要关切地留意哪种气味及味道能满足你，然后去研究怎样获得满足，而又不需摄取大量卡路里。

(3）“扮靓”肌肤的零食

一些急于减肥的人不吃肉、不吃饭，以绝食来达到变瘦的目的。须弄清楚，女性减了肥不一定等于漂亮，许多人曾减肥成功却形容枯槁、面色憔悴、皱纹增加，这都是由于缺乏脂肪所致。在少吃动物脂肪的情况下，应该在日常食谱中增加植物性脂肪的数量。如用黑芝麻做不太甜的芝麻糖、核桃仁制作的琥珀桃仁、酥脆的炒黄豆、脆皮黑豆、松子仁和葵花籽仁等代替日常的炸薯片、炸虾片、朱古力等“垃圾食品”，天长日久，人会逐渐变瘦且漂亮起来。

(4）咀嚼无糖口香糖。

研究发现，咀嚼无糖口香糖能将新陈代谢率提高20%，咀嚼无糖口香糖的女人比没有咀嚼的人每小时额外多消耗11卡路里。更有趣的是，如果一个人持续地在一年内每天不停地咀嚼香口胶，可能会减掉10磅左右的脂肪，数字实在惊人。

(5）少吃多餐

少吃多餐，或者每3~4小时吃些小吃，均有助于避免体内糖分过低。另外，有资料显示，把正常卡路里量平均分在一天内多个时间摄取，可把食物卡路里转化成脂肪的比例减至最低，从而保持身材苗条。医学研究发现，整天不停地进食的运动员，其体内脂肪比那些在晚餐大量进食的运动员少。对此，医生的解释是，人体可一次处理的食品量有限，因此一次大量进食的话，未能消耗的多余卡路里便会转化为脂肪。

(6) 多吃纤维素高的蔬菜

一般来说，蔬菜的水分、纤维素含量高，热量又低，所以，几乎都有减肥的效果，但其中仍有几种瘦身效果特佳。

冬瓜：不含脂肪，含钠量又低，是肥胖者的理想蔬菜，常吃冬瓜还有利尿、降火、解毒、消痰的功效。

萝卜：可以促进脂肪加速进行新陈代谢，避免脂肪在皮下堆积，丰富的纤维有极佳的“整肠”作用，此外还有化痰、止咳、降血压等多种功能。不过萝卜会“破气”，所以不宜和人参、黄芪等补气药材同时进食。

竹笋：竹笋含有丰富的纤维素和水分，有助肠胃蠕动、排便顺畅、消脂减肥。

菠菜：可以促进血液循环，具有平衡新陈代谢、排毒瘦腿的作用。

西红柿：吃新鲜的西红柿可利尿及排除腿部疲惫，减少水肿，生吃效果更佳。

西芹：西芹含有大量的钙质，可以补“脚力”，还含有钾，可减少下半身的水分积聚。

(7) “辣”出新陈代谢

辣椒含有的辣椒素，能促进新陈代谢，有助于燃烧热量和瘦身。英国的一项研究发现，在进餐时加入一茶匙辣椒酱或芥末的人，平均每日可额外多消耗45卡路里。研究人员分析，辛辣食物能增加体温，从而加速新陈代谢。须注意的是，辣椒是一种刺激性食物，吃多容易伤胃，所以不适合单独食用，应该作为一种与各种食物配合的调味料。

好的睡眠犹如一场甜蜜的恋爱

张小娴说："睡眠跟恋爱相似。"在人生旅途中，有1/3的时间是在睡眠中度过的。莎士比亚将睡眠誉为"生命筵席上的滋补品"。美国医学教授威廉·德门特说："睡眠是抵御疾病的第一道防线。"世界卫生组织更将"睡得香"定为衡量人体健康的标准之一。但调查显示，有不少人患有睡眠障碍或与睡眠有关的疾病。

越来越多的证据表明，睡眠质量可能影响人的心脏健康，对女性健康的影响尤为严重。在女性人群中，睡眠质量不高或难以入睡者通常承受更多的心理压力，血液成分也更易呈现Ⅱ型糖尿病迹象。

研究人员发现，睡眠质量不佳的女性，有的每星期失眠两晚，有的每晚需半小时以上才能入睡。空腹检测结果显示，她们体内的胰岛素含量高于常人，身体更容易出现炎症，血浆中的纤维蛋白原也会增加。更可怕的是，第三个特征通常为中风前兆。不仅如此，睡眠不足的女性更容易出现抑郁、敌对、躁怒等心理症状。

由此可见，失眠问题不是单一的睡眠障碍，也反映了身体存在的健康危机。

要睡得好，须注意以下六点：

(1) 睡前不饮酒，不抽烟，不喝含咖啡因的饮料。晚餐时间不宜太迟，要少吃油腻的食品，

(2) 白天要保证一定的运动量，让自己有适当的疲劳感。不少人之所以失眠，多是因为他们精神活动超负荷，而体力活动不足。

(3) 睡觉前泡个热水澡，或者用热水泡脚。手脚暖和，人会更容易入睡。

(4) 别把白天的烦恼带上床。睡前使自己的心情保持平静，听听令人舒缓放松的音乐，能帮助你安然进入梦乡。

(5) 让床的作用“单一化”，少在床上看书、打电话、看电视。经常在床上进行其他活动，会破坏定时睡眠的习惯。

(6) 别错过最佳的睡眠时间。研究发现，慢波睡眠是最佳的睡眠状态，而慢波睡眠大多出现在上半夜。错过了进入深睡眠的最佳时间再入睡，就很容易导致醒后疲劳、睡不安稳、睡眠质量下降，从而引发失眠。

另外，食疗一直是很多人重视和推崇的养生和治疗方式，下面推荐几种有助于睡眠的食物。

(1) 牛奶：牛奶中含有色氨酸，这是一种人体必需的氨基酸，有助眠的作用。此外，牛奶中丰富的乳糖、氨基酸以及矿物质和维生素，能缓解脑细胞的紧张状态。

(2) 红枣：红枣营养丰富，有养胃健脾、补中益气的作用。失眠患者可用红枣30克~60克，加白糖少许煎汤，每晚睡前服之。

(3) 龙眼：龙眼又称桂圆，有很高的营养价值。研究发现，桂圆肉对脑细胞有一定的营养作用，有镇静、安神、养血、抗衰

老等功效。龙眼肉15克加糯米100克，煮一碗龙眼肉粥于晨起或睡前空腹食用，既能安神又能补脾。

（4）莲子：莲子有养心、安神、补脾等功效，对心悸、失眠、腹泻等病症都有一定的疗效。心烦多梦的人可用莲子芯30个，加盐少许，用水煎服。

（5）百合：百合能延长睡眠时间，提高睡眠质量，特别是对由于病后体虚、神经官能症导致的失眠，有改善作用。每天喝一碗红枣莲心百合汤，能起到安神助眠的作用。

（6）金针菜：金针菜又名忘忧草、黄花菜等，有清热利湿、凉血等功效。无论是用于烧菜还是煲汤，食用后都有利于人的安眠。

（7）醋：当你过于劳累难以入睡时，不妨取食醋一汤匙，兑入温开水内慢慢服用，能有效帮助入睡。

如果睡不着觉，尽量不要吃安眠类药物，因为此类药物的依赖性很大，一旦养成习惯就很难摆脱。不如采取食疗的方式，坚持散步和正常运动，保持舒适卫生的生活习惯。只有健康地睡眠，才能在带来强健体魄的同时，令女人容光焕发，这就是为什么人们把充足的睡眠叫作“美容觉”的原因。